最受养殖户欢迎的精品图书

蜜蜂饲养与病敌害防治

第二版

彭文君　主编

U0238532

中国农业出版社

内 容 简 介

　　本书首先简要介绍了蜜蜂生物学的基本知识、养蜂的基本工具，然后重点阐述了蜂群的基本管理技术、主要蜂产品的生产技术以及各种蜜蜂病敌害的病原、症状、诊断与防治方法。

　　本书为普及性读物，内容具体实用、语言通俗易懂、方法简便易行，重点突出了生产实践中的主要环节、关键技术、操作方法和成功经验，适用于中小型蜂场的技术人员、广大养蜂爱好者，尤其是具有中学文化水平以上的初学养蜂人员。

第二版编写人员

主　编　彭文君

副主编　赵亚周　李继莲

参　编　周　婷　吴金泉　安建东

第一版编写人员

主　编　彭文君

参　编　周　婷　吴金泉　安建东　李继莲

本书有关用药的声明

　　兽医科学是一门不断发展的学问。用药安全注意事项必须遵守，但随着最新研究及临床经验的发展，知识也不断更新，因此治疗方法及用药也必须或有必要做相应的调整。建议读者在使用每一种药物之前，要参阅厂家提供的产品说明以确认推荐的药物用量、用药方法、所需用药的时间及禁忌等。医生有责任根据经验和对患病动物的了解决定用药量及选择最佳治疗方案，出版社和作者对任何在治疗中所发生的对患病动物和/或财产所造成的损害不承担任何责任。

中国农业出版社

　　我国是世界上第一养蜂大国，拥有丰富的蜜粉资源和大约 820 万群蜜蜂，约占世界蜂群总数的 1/8。年产蜂蜜 39 万吨，蜂王浆 3 000 多吨，蜂花粉 5 000 多吨，蜂胶 350 多吨，其他还有蜂毒、蜂蛹、蜜蜂幼虫等。养蜂业不仅通过提供蜂产品满足市场需求，增加农民收入，还有一个重要的功能就是为农作物授粉。研究表明，蜜蜂占植物授粉昆虫的 85％以上，蜜蜂传花授粉可带动农作物增产 18％～38％，部分果蔬作物产量能成倍增长，蜜蜂授粉促进农作物增产产值超过 500 亿元。养蜂业是农业的重要组成部分，对于促进农民增收、提高农作物产量和维护生态平衡具有重要的意义。

　　在养蜂实践中，养蜂者通常会遇到各种的饲养技术问题和蜜蜂病虫害，这就需要养蜂者掌握较系统的蜂群的基本管理技术、主要蜂产品的生产技术以及各种蜜蜂病敌害的诊断与防治方法。本书编写的目的就是要以通俗易懂的语言，重点介绍养蜂生产实践的主要环节、关键技术、操作方法和成功经验，使中小蜂场的技术人员、广大养蜂爱好者，尤其是具有中学文化水平的初学养蜂人员易学易懂，提高科学养蜂水平。

本书在修订再版过程中，编者参阅了大量新的研究成果和进展，吸收了大量读者提出的建议和意见，丰富和完善了本书的内容。在此，谨向有关作者和读者表示谢意！

由于修订时间仓促及编者水平有限，本书错误与不当之处，恳请读者批评指正。

编　者

2013 年 7 月

目 录

一、蜜蜂的种类和生物学基本知识

(一) 蜜蜂的种类

世界上蜜蜂属里有 6 个种，即大蜜蜂、黑色大蜜蜂、小蜜蜂、黑色小蜜蜂、东方蜜蜂和西方蜜蜂。它们共同的特点是：营社会性生活；泌蜡筑造双面有六角形巢房的巢脾；贮蜜积极。但是，上述 6 种蜜蜂中，前 4 种为野生种，很少有人利用，没有直接的经济价值。它们主要分布在南亚、东南亚以及我国的海南、广西和云南等省（区）。而东方蜜蜂和西方蜜蜂能为人类提供蜂蜜、蜂王浆、蜂蜡、蜂花粉、蜂胶、蜂毒、蜂蛹、蜂幼虫等蜂产品，作为家养经济昆虫，已有几千年的饲养历史，在现代养蜂中占有重要地位。东方蜜蜂广泛分布于东亚、南亚、东南亚及亚洲其他一些地区。西方蜜蜂自然分布于欧洲、非洲和西亚，但由于大量引种，现已遍布世界各地。

我国饲养的蜜蜂，主要有中华蜜蜂、意大利蜜蜂、东北黑蜂、喀尼阿兰蜂和新疆黑蜂以及西方蜜蜂的一些杂交种。其中有些蜂种已成为某些地区的当家品种。就全国而言，我国饲养最普遍的是中华蜜蜂和意大利蜜蜂。

中华蜜蜂，简称中蜂。分布在除新疆以外的中国各省区，主要集中在长江流域和华南各省区。全国饲养量 200 多万群，约占全国蜂群总数的 1/4 左右。中蜂工蜂腹部颜色因地区不同而存在差异，有的较黄，有的偏黑；喙长平均为 5 毫米。蜂王有两种体色。一种在腹节有明显的褐黄环，整个腹部呈暗褐色；另一种腹节无明显的褐黄环，整个腹部呈黑色。雄蜂一般为黑色。南方蜂种一般比北方小，工蜂体长 10～13 毫米，雄蜂体长 11～13.5 毫米，蜂王体长 13～16 毫米。

中蜂飞行敏捷，嗅觉灵敏。出巢早，归巢迟，每日外出采集的时间比意大利蜂多 2～3 小时。善于利用零星蜜源。造脾能力强，喜欢新脾，爱啃旧脾。抗蜂螨和美洲幼虫腐臭病能力强，但容易感染中蜂囊状幼虫病，易受蜡螟危害。喜欢迁飞，在缺蜜或受病敌害威胁时特别容易弃巢迁居。易发生自然分蜂和盗蜂。不采树胶，分泌蜂王浆的能力较差。蜂王日产卵量比意大利蜜蜂少，群势小。

意大利蜂简称意蜂，适应于中国大部分地区的气候和蜜源特点，因此当 20 世纪初由日本和美国引入后，深受各地欢迎，推广极快。在 20 世纪 70 年代以前，中国绝大部分地区饲养的西方蜜蜂都是意大利蜂。意大利蜂工蜂第二至第四腹节的背板有棕黄色环带，黄色区域的大小和颜色深浅有很大的变化，一般以两个黄环为最多；体表绒毛淡黄色；工蜂喙长 6.3～6.6 毫米。蜂王的腹部多为黄色至暗棕色，尾部黑色，只有少数全部是黄色。工蜂体长 12～13 毫米，雄蜂体长 14～16 毫米，蜂王体长 16～17 毫米。

意大利蜂性情温驯，产卵力强，育虫节律平缓，分蜂性弱，能维持大群。工蜂勤奋，采集力强，善于利用流蜜期长的大宗蜜源。分泌王浆能力强。产蜡多，造脾快。保卫和清巢力强。其主要缺点是盗性较强，定向力较差，在高纬度地区，越冬较困难，消耗资源多，抗病力较弱。

（二）蜂群的结构和蜜蜂的发育

蜜蜂是过群体生活的社会性昆虫，蜂群是由蜂巢和许多蜜蜂组成一个有机体，单只的蜜蜂是不能存在的。蜜蜂的这种群居生活是长期进化发展与分工合作的结果。当蜂群兴旺的时候，一个蜂群通常包括一只蜂王，上万只工蜂以及千百只雄蜂（图1-1）。

图1-1　蜂群中的3种类型蜜蜂
1. 蜂王　2. 雄蜂　3. 工蜂

　　正常情况下，蜂群中蜂王是唯一发育完全和能产卵的雌蜂。它产的卵，分未受精卵和受精卵两种。未受精卵产在较大的六角形的雄蜂房中，以后发育成雄蜂。受精卵因发育条件的不同，可以分别产生工蜂或蜂王。受精卵如产在一般六角形的工蜂房中，就发育成工蜂，为生殖器官发育不完全的雌蜂。受精卵如产在较宽大、圆钵状、房口朝下的台基中，专饲以营养丰富的王浆，以后就发育成蜂王。蜂王能够选择不同的巢房，产下卵。在生产实践中，根据工蜂和蜂王的发育特性，改变环境和营养条件，就能把工蜂房中的卵或幼龄幼虫培养成蜂王。

　　蜜蜂为全变态昆虫，即个体发育过程中必经卵、幼虫、蛹及成虫四个时期。

　　蜜蜂的卵如香蕉状，两端稍弯曲，一端粗一端细。卵乳白色，略透明。卵上附着一种黏液，当蜂王产卵入巢房内时，细的一端粘于巢房底部的中央，第一天是直立的，第二天稍倾斜，第三天侧伏于房底。工蜂在卵的周围分泌一些王浆，使卵壳湿润软化，幼虫即破壳而出。

　　刚孵化的幼虫就会吮吸王浆。孵化后3天内，不论蜂王、雄蜂、工蜂的幼虫，食料全是乳白色的王浆。3天后，工蜂和雄蜂的幼虫停止饲喂王浆，另喂以一种花粉和蜜的混合物。蜂王则不然，其幼虫一直食用王浆，并且将王浆堆积于王台底部周围，以保证充足供应。根据这一特点，就为蜂王浆生产提供了有利条件。试验证明，每只幼虫自孵化到封盖期间，工蜂平均每日饲喂幼虫1300次，差不多每分钟饲喂一次。因此，检查时间不宜太长，否则对于幼虫的饲喂是有影响的。

掌握蜜蜂发育日程，特别是卵期、未封盖的幼虫期及封盖至出房日期，是推断群势发展、预测分群、培育蜂王、切除雄蜂蛹或准备适龄雄蜂等所必需的。

各地蜜蜂的发育日程，由于蜂种、气候等条件的影响而有差异。现将一般情况下，中蜂和意蜂的各阶段发育期，列于表1-1。

表1-1 中蜂和意蜂各阶段发育期（天）

型别	蜂种	卵期	未封盖幼虫期	封盖期	出房日期
蜂王	中蜂	3	5	8	16
	意蜂	3	5	8	16
工蜂	中蜂	3	6	11	20
	意蜂	3	6	12	21
雄蜂	中蜂	3	7	13	23
	意蜂	3	7	14	24

幼虫不具足，体呈C形，白色晶亮，随着生长，越来越呈小环状；长大后，则伸向巢房口发展（图1-2）。

在幼虫孵化后第六天末，工蜂将巢房口封上一层蜡盖。封盖至出房阶段的幼虫和蛹，统称为封盖子。封盖子和封盖蜂蜜可以从位置、颜色及巢房的轮廓来判别。封盖子常位于巢脾的中下方，封盖呈黄褐色，巢房轮廓清楚；封盖蜜自巢脾上方和两角向下方发展，封盖呈浅白色，具波浪纹，巢房轮廓不清楚。花粉分贮于子圈或子脾外围。

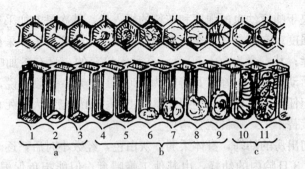

图1-2 蜜蜂的发育阶段（数字表示天数）

a. 卵 b. 幼虫 c. 蛹

幼蜂羽化后，咬破房盖而出，茧衣仍紧贴于巢房壁上。每育虫一次，茧衣就加厚一层，从而使巢房容积逐渐缩小，并使巢脾颜色变暗黑。所以育虫多次后的巢脾不适于培育健壮新蜂。因此，各蜂场要经常淘汰旧脾，添造新脾。中蜂厌恶旧脾，宜勤造新脾，替换旧脾。

雄蜂体大，房盖突出。中蜂的雄蜂蛹，其后期房盖呈尖笠状，中央有透气孔，这是西方蜂种所没有的，容易辨认。

一般来说，如果工蜂封盖子成片、接近满框且又饱满的，是蜂王产卵力旺盛和幼蜂发育健全的表现。

（三）蜂群的生活

三型蜂在形态和内部构造上，各有显著的特点，适于各种不同的专职分工。蜂王和雄蜂专司生殖，它们终生的食料都靠工蜂供给。工蜂是蜂群中个体最小的成员，但却占群体的绝大多数，是蜂群的劳动者。担负着巢内巢外的大量"工作"。三型蜂中的任何一个体都不能脱离群体而独立生存，它们都是蜂群不可缺少的重要组成部分。

下面以意大利蜜蜂为主要对象，分别介绍三型蜂的生活情况。

1. 工蜂的生活 不同时期工蜂的寿命长短有很大差异，主要取决于哺育幼虫的强度和花粉的摄入量，其次是参加采集的时间和强度。在春夏秋三季，参加哺育幼虫、饲喂蜂王和采集活动的工蜂；其寿命为 30～50 天；在秋天培育的、没有参加哺育和采集活动的越冬工蜂，其寿命为 120～150 天。一般来说，工蜂前期担任巢内工作，后期担任巢外工作。如果老蜂大量死亡，新蜂又接替不上，蜂群就会垮掉。

初出房的幼蜂，身体柔弱，灰白色，经数小时后，逐渐硬挺起来。3 日龄内的幼蜂，由其他工蜂喂食，但能担负保温孵卵、清理巢房等工作。4 日龄后的幼蜂，能调制花粉，喂养大幼虫。6～12 日龄工蜂，王浆腺发达，能分泌王浆，喂养小幼虫。此后，开始重复多次地认巢飞翔及第一次排粪。健康的工蜂，从不在巢内排粪。

新蜂都在晴暖午后，成批涌出巢门，进行认巢飞翔。飞翔时，头朝巢门，时高时低，或在巢箱周围绕圈子，圈子越绕越大，从而逐渐识别蜂巢环境。每群新蜂喧闹一阵后，又纷纷归巢，安静下来。因此，养蜂术语上又称为闹巢。

13～18 日龄的工蜂，蜡腺发达，主要担任清理巢箱，拖弃死蜂或残屑，夯实花粉，酿蜜，筑造巢脾，使用蜂胶等大部分巢内的工作。

至于采集工作也是逐渐发展的，一般开始于 17 日龄。20 日龄后，其采集力充分发挥，从事采集花蜜、花粉、水分、蜂胶，直至老死。守卫御敌工作，也由部分采集蜂担任。

为了方便起见，我们习惯上根据外观和所担任的重点工作，将工蜂分为幼、青、壮、老四个时期。幼年蜂是指分泌王浆之前的工蜂；青年蜂是指担任巢内主要工作工蜂；壮年蜂是指从事采集工作的工蜂；老年蜂是指采集后期、身上绒毛已磨损、呈现光秃油黑的工蜂。幼蜂和青年蜂都是从事巢内工作的，所以又合称为内勤蜂；壮年蜂和老年蜂主要是从事巢外工作的，所以又合称为外勤蜂。

在正常情况下，工蜂大体上是按照日龄担任生理上最适宜的工作的，可作为生产实践上的根据。但是，特定的工作，并非只能由特定日龄的工蜂去进行。譬如，在华北秋后，当工蜂出房的时候，蜂王已停止产卵，这批工蜂经数月冬蛰以后，来春才开始哺育幼虫和出巢采集。实验证明，完全用幼蜂组成的小群，会同时出现巢内外工作蜂，即使仅有数日龄的工蜂，也能从事采集。另一方面，老蜂在必要的时候，也能重新泌蜡和吐浆育虫。

工蜂的寿命，随群势的强弱有所不同。强群所培养的工蜂，其寿命比弱群的更长，工作力也强得多。在主要流蜜期，如果工作很紧张，也会加速蜜蜂的衰老死亡。

主要蜜源植物的开花泌蜜时期，在养蜂术语上称为"流蜜期"，是养蜂的最好季节。因此，抓紧适当时期，千方百计发挥蜂王产卵力，使壮年蜂出现高峰，与主要流蜜期相吻合，这是奠定蜂蜜丰产的基础。

工蜂采集飞行的最适气温为 15～25 ℃，气温低于 12 ℃时，通常不进行采集活动。采集工蜂一般每天飞出 8～10 次。采集范围一般为距离蜂巢约 1 000 米的四周。如果蜜源场地距蜂场较远，采集半径可延伸到 2～3 千米以上。一只采集工蜂，每次花蜜的平均载负量为 20～40 毫克。工蜂满载时，其飞行速度每小时为 20.9～25.7 千米，平均每小时约为 24 千米；空载时，最快速度每小时为 40 千米。工蜂的飞行速度还与气温、风速和蜂种有关。

工蜂的体温接近气温，气温的变化影响其体温的变化。在10～14 ℃时，由于新陈代谢的作用，即使在静止状态，工蜂仍能提高体温 2～3 ℃，但不能保持热量。在 10 ℃以下，单只工蜂会很快被冻僵，最后死亡。

当蜂群失王，巢内又没有条件培养新王接替的时候，少数工蜂也能够产卵，但卵未经受精，只能孵化出雄蜂。在工蜂产卵的初期，也是一个工蜂巢房产一个卵，好像是正常蜂王产的一样。

没有经验的养蜂者，常被这种假象所迷惑。但随后往往一房产数粒卵，而且东倒西斜。这种幼虫封盖后，房盖格外突出。必须指出，在有的中蜂失王群里，往往一边出现改造王台，另一边工蜂却产起卵来，应注意及时处理。

2. 蜂王的生活 通常，一个蜂群只有一只蜂王。如果出现两只以上蜂王时，即发生分蜂，或者蜂王相斗直至剩下一只为止。但在蜂王衰老或伤残、不适应群体发展需要的情况下，工蜂便建造交替王台，培育新蜂王，新老蜂王可同巢生活一段时间，直至老蜂王死亡。

按蜂群活动的自然规律，蜂群通常在 3 种情况下产生新蜂王：①在蜂群群势发展壮大，准备自然分蜂之前，工蜂在巢脾边缘或下缘建造王台，培育新蜂王。分蜂王台出现的特点是群强、子旺、王台多、日龄有显著差异。②由于偶然事故失去蜂王后，工蜂就将幼虫脾上含有 3 日龄以内幼虫或卵的工蜂房扩建成王台，培育新蜂王。其特点是王台多在脾面上，数量众多，这种王台称改造王台或急造王台。③蜂群的蜂王衰老或伤残时，工蜂也会建造王台，培育新蜂王，这种王台因受群势制约，多在脾面中央，王台内幼虫日龄较一致，王台数量仅 1～3 个，这类王台称为交替王台。无论何种情况，都是当蜂群中"蜂王物质"缺少或不足时，工蜂才开始培育新蜂王。根据蜂群自然产生新蜂王的条件，在蜜粉源丰富、气候温暖和大量雄蜂出现的时期，就可以在含有大量适龄哺育蜂的强群里进行人工育王。

大约在新蜂王出台之前的二三日内，工蜂即咬去王台端部的蜂蜡，使茧露出，以便蜂王容易出台。蜂王出台时，只需自己从内部顺着王台口，将茧咬开一环裂缝，就可以出台。因此，一旦发现台盖上的茧已露出，就可断定新王近日会出台。

刚羽化的蜂王，体色淡且柔弱，常暂呆在王台内数小时，并从王台口的咬缝处，伸喙向工蜂求食。在自然情况下，一只健全的新王出台时，表现十分活跃，常巡行各巢脾，寻找并破坏其余的王台。蜂王出台初期，腹部稍长，有点像产卵王。一二日后，其腹部收缩，灵活、畏光，提框检查时，常即潜入密集的工蜂堆中。5～6日龄的处女王，腹部开始伸缩抽动，蛰针腔也断续开启几秒钟，或爬行时闭合，停止时开启，并开始有工蜂跟随。这是性成熟的表现。蜂王交配的最佳日龄是8～9日龄。在蜂王交配之前，通常要作若干次认巢飞翔，熟悉蜂箱位置和周围的环境。认巢飞翔和交配一般在气温20℃以上、晴暖无风或微风的下午14～16时进行。气候越好，雄蜂越多，越有利于交尾。蜂王有多次交配的特性，一只意大利蜂的处女王，可能与7～10只雄蜂交配；一只中蜂处女王可与14只以上雄蜂交配。处女王与雄蜂的交配活动多在15～30米高的空中进行。处女王交配返巢时，蛰针腔常拖着一条白色线状物，这是雄蜂黏液腺排出物堵塞蛰针腔所致，亦称为交尾标志。蜂王的受精囊里贮存着成百万的雄蜂精子，可供一生产卵受精使用。蜂王交配产卵后终生不再交配。产卵后的蜂王，除非随同自然分蜂或蜂群迁飞，绝不轻易离巢。因此，如要对蜂王剪翅处理，应在产卵后分蜂热之前进行。

　　处女王婚飞交配结束后，哺育蜂向它提供丰富的王浆饲料。蜂王在交配后，随着卵巢的发育，体重迅速上升，平均每天增加10毫克以上。腹部逐渐膨大伸长，行动日趋稳重，多在交配后的第2～5日开始产卵。在正常情况下，每个巢房产一粒卵，在工蜂房和王台产下受精卵，在雄蜂房产下未受精卵。如果蜂王产卵力强盛，产卵巢房缺少时，蜂王在产遍一次卵后，有时会重复再产。这种现象，在小型交尾群中尤为常见；弱群蜂王限在狭小保温圈内产卵时，也有这种现象。但条件一经改变，不正常现象就会消失。如果中间有的巢房还空着，但受精的蜂王却在一房中重复产卵，这种蜂王应当淘汰。另外，若交尾期过后，蜂王未经交尾，而开始产卵的，也应立即剔除。

　　蜂王产卵时，一般都从蜜蜂最集中的巢脾开始，然后以螺旋形顺序扩大，再依次扩展至左右巢脾。在每一巢脾中，产卵范围常呈椭圆形,养蜂术语上称为产卵圈,或简称卵圈。中央巢脾的产卵范围最大,左右巢脾依次稍小。若以整巢的产卵区而论,则常呈一椭圆形球体。

蜂王的产卵力与品种、亲代性能、个体生理条件、蜂群内部状况以及环境条件等有密切关系。同一蜂王产卵力的变化,主要取决于饲料。蜂王食料的供应,又决定于群势、蜜源以及气候等条件。因此,处于不同蜜粉源、不同季节的条件下,蜂王产卵力常随之变化。例如在越夏或越冬之时,或当食料缺乏时,蜂王常停止产卵,这是一种生存适应的表现。在蜜源充足的条件下,一只意大利蜜蜂蜂王,一昼夜可产 1 500～2 000 粒卵;中蜂蜂王可产 700～1 300 粒卵。在产卵周期内,蜂王的四周,总是环护着哺育蜂。这些哺育蜂,以营养丰富的王浆轮流饲喂蜂王。

在自然情况下,蜂王的寿命可达数年,少数蜂王生活4～6年仍具有产卵能力。通常 1～1.5 年的蜂王产卵力最强,1 年半以后的蜂王产卵力就逐渐衰退,3 年后衰老的蜂王多被自然交替。在生产中,要根据实际需要,适时换王,以新的产卵王组织强群,迎接流蜜期。

3. 雄蜂的生活 正常的蜂群大多是在春末或夏初的分蜂季节里培育雄蜂。蜂群培育雄蜂的数量与蜂种、蜂王年龄、群体大小、季节及群内雄蜂房多少有关。多数蜂群每群只培育几百只雄蜂,但有些蜂群在分蜂季节里,雄蜂数量多达数千只。

意蜂雄蜂出房后,通常需经 7 日才能飞翔,在以后的第 5～20 日,是交尾最适宜的时期,称雄蜂青春期。若由卵算则为36～51 日。中蜂和意蜂很相近。人工培育蜂王时,必须考虑这个问题。以便正常交尾。

雄蜂一般在气温较高、相对湿度较低、风速很低或无风的情况下出巢飞行,多在晴暖的午后 14～16 时出巢飞游,中蜂稍晚1～2 小时。其"嗡嗡"的响亮声,很容易识别。雄蜂的出游时间、天气条件与处女王是一致的。

在长期蜜源充足的环境中，雄蜂寿命可达 3～4 个月。但通常在流蜜期以后，或新王已经产卵，工蜂便把雄蜂驱逐到边脾或箱底，甚至拖出巢外饿死。清除在蜂群生存上无用的雄蜂，对蜜蜂群体生命的延续是有利的。有时，工蜂在秋冬季节，并不驱逐雄蜂，而保留它们在巢内过冬。这通常是在群内失去了蜂王，或者虽有蜂王，但还未与雄蜂交尾，或蜂王伤残衰老的情况下发生的。在育王实践上，必要时，可用无王群来保存雄蜂。雄蜂在定向飞回来时有迷巢现象，在分蜂季节，雄蜂进入他群时不会受到守卫蜂的阻拦，任其取食或给予饲喂，这种特性可能有利于避免近亲繁殖。

二、蜂箱和养蜂常用管理工具

蜂箱和养蜂的常用管理工具是蜂群饲养管理中必不可少的。学习蜂群科学的饲养管理技术，必须要先熟悉、了解、掌握蜂箱的基本构造和组成，以及常用的养蜂管理工具的用途和使用方法。

(一) 蜂箱

蜂箱是蜂群饲养和管理中最基本的设备，也是蜂群生活和生产蜂蜜、蜂王浆、蜂蜡、蜂花粉、蜂胶、蜂毒、蜜蜂虫蛹等蜜蜂产品的固定场所。蜂箱的种类很多。原始的蜂巢多利用卷筒形的树皮、空心树段、木桶或用柳条、细竹、稻草编织而成。现代养蜂则用活框蜂箱来饲养蜂群。现在世界上使用的活框蜂箱很多，尺寸大小也各不相同，但是所有的活框蜂箱都是根据蜂路的原理设计的，其基本的结构也都相似。在本节中，以世界上使用最广泛的朗氏十框标准箱（简称标准箱）为例加以介绍。

1. 蜂路的概念 蜂路系指蜂箱（巢）中供蜜蜂通行、空气流通的空间，在活框蜂箱中就是指巢框与巢框之间，巢框与箱内各部分之间的间隙。巢框上梁与副盖之间的距离称为上蜂路，巢框下梁与箱底之间的距离称为下蜂路。蜂箱内两个巢框之间的距离称为框间蜂路。巢框侧梁与蜂箱前后壁之间距离称为前蜂路和后蜂路。蜂路的大小必须根据蜜蜂的生物学特性来决定。蜂路过大，易造赘脾，于保温也不利；蜂路过小，则易压伤蜜蜂，或蜜蜂用蜂胶和蜂蜡将蜂路堵塞，影响通行。框间蜂路过小，还易导致蜜蜂咬脾。

根据前人对蜜蜂营巢生物学习性的观察和研究，上蜂路应为8毫米。活动箱底的下蜂路应在13～25毫米。固定箱底的下蜂路应为19毫米左右。前后蜂路各8毫米。由于框梁与前后壁之间还留有2毫米的活动余地，所以前后蜂路实际上保持在6～10毫米。由于意蜂天然蜂巢中两巢脾之间的中心距离是35毫米，每个巢厚度为25毫米，所以框间蜂路是10毫米。但是，巢脾上梁的宽度为27毫米，所以框梁之间的距离为8毫米。

2. 蜂箱的基本构成　标准蜂箱是由箱底、巢箱、继箱、副盖、箱盖、巢门挡等部件组成（图2-1）。

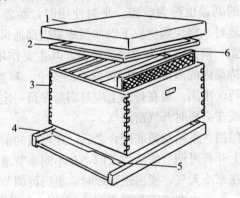

图2-1　蜂箱的基本构造

1. 箱盖　2. 副盖　3. 箱身　4. 箱底　5. 巢门挡　6. 巢框

（1）箱底　箱底在蜂箱的底部，可起到保护蜂巢安全和维护蜂巢温、湿度的作用。标准蜂箱的箱底有两种：一种是与巢箱分开的活动箱底；另一种是与巢箱连在一起的固定箱底。这两种箱底各有利弊。活动箱底可调节下蜂路的大小，以适应蜂群在不同季节的需要。在生产上活动箱底的蜂箱适应于固定地点的多箱体养蜂方式。但是，蜂群需要经常搬运就会增加很多麻烦，所以转地放蜂的蜂箱不宜用活动箱底。箱底配合巢箱之后，前面长出巢箱80毫米左右，长出的部分称为巢门踏板，便于蜜蜂进出巢起落，就像飞机场的停机坪一样。巢门踏板也为蜂群饲养管理和生产中安装蜂门饲喂器和脱粉器提供了方便。

（2）巢箱和继箱　巢箱和继箱总称为箱体。活动箱底的巢箱和深继箱的结构大小都是一样的，靠近箱底的就是巢箱。继箱有两种：一种是深继箱；一种是浅继箱。浅继箱的高度只有深继箱高度的一半左右。

（3）副盖　副盖又称为内盖或子盖，是覆盖在蜂箱上口的内部盖板。副盖的主要功能是遮光和限制蜜蜂从上部出入。副盖有两种类型：一种是用木板拼成与蜂箱上口尺寸相同的平板；一种是用木条制成的与蜂箱上口尺寸相同的框架，然后一面钉上纱网。钉铁纱的副盖也称为纱盖。平时使用时，纱盖上需加保温物。蜂群转地时，将保温物取下以加强蜂巢内部通风。

（4）箱盖　箱盖也称为大盖或雨盖。其主要作用是御烈日、避风雨，维持巢内的温湿度，保护蜂巢的安全。箱盖要求密闭、不漏水、轻巧、牢固。盖在蜂箱上应与副盖保留一定的间隙，以利隔热保温或在必要时开气窗通气。

（5）巢门挡　巢箱与箱底配合之后，在巢箱的前面装上巢门挡。巢门挡上开有可调节的活动巢门，在不同季节巢门开启的大小也不同。在寒冷天气，或出现盗蜂时，巢门可调节到仅能使一只蜜蜂出入；大流蜜期或需要加强巢内通风时，可将巢门开大，甚至将整个巢门挡撬起。

3. 蜂箱附件　蜂箱除了由箱底、箱体、副盖、箱盖、巢门挡等基本构件组成之外，还有巢框、隔板、闸板、隔王栅等附件。

（1）巢框　巢框是由上梁、下梁和两个侧梁组成的矩形框架。上梁两端各有一个 16 毫米长、20 毫米宽、10 毫米厚的框耳。框耳是提脾时用手提拿的位置。上梁的下平面正中线开一条深 6 毫米、宽 3 毫米的巢础沟槽，上巢础时将巢础上边嵌入此沟槽内。侧梁从上到下、正中线处均匀分布 3～4 个小孔，穿入 24～26 号铁丝以便埋入巢础，加强巢脾的强度和起固定作用。

巢框的作用是固定巢础，使蜜蜂能筑造一个完整的巢脾。同时，巢框必须坚固、能够承受子脾或蜜脾的重量。并且能够经得起搬运和摇蜜时的剧烈震动。巢框是巢脾的框架，巢脾又是蜂箱中的核心部分，蜂王产卵、蜂群育子、贮存粉蜜等活动都在巢脾上进行，巢脾与养蜂生产有着直接的关系。

（2）隔板　隔板是薄板拼制而成与巢框外缘尺寸相同的平板。隔板放在蜂箱中最外侧巢脾的外侧旁边，用以调节蜂巢的大小，有利于保温和避免蜜蜂造赘脾。

（3）闸板　闸板也称为隔堵板或隔离板，主要用于将蜂箱分隔成两个或两个以上的空间，使之一个蜂箱能够饲养两个或两个以上的蜂群。

（4）隔王栅　隔王栅是利用蜂王和工蜂的胸部厚度不同，制成允许工蜂自由通过而又能将蜂王限制在蜂箱中的一定区域内产卵，把蜂巢的繁殖区和贮蜜区分开。也可以用作多王同群饲养。意蜂的蜂王胸部厚度是 4.7～5.0 毫米，工蜂胸部厚度是 3.8～4.3 毫米；中蜂的蜂王胸部平均厚度为 4.45 毫米，工蜂胸部平均厚度为 3.40 毫米，所以隔王栅的栅距为 4.14 毫米时，既可适应于意蜂饲养，也可适应于中蜂饲养。

（二）养蜂常用管理工具

养蜂生产中常用的管理工具包括上巢础工具、管理蜂群工具、取蜜工具、育王产浆工具以及其他工具等。下面分别介绍这些工具的种类和用途。

1. 巢础和上巢础的工具

（1）巢础　巢础是一张压制成两面都有凹凸的正六角形巢房底和巢房壁开始部分的蜂蜡片，是供蜂群筑造巢脾的基础，每张巢础都是由数千个排列整齐、相互衔接的六角形组成。彼此互为公共底、公共边。巢础被蜜蜂筑成巢脾后，每个六角形的边和高成为典型的六角棱柱（巢房），房底构成了闭合的六角菱锥形。

其底的三个平面锐角是 70°32′。这样的结构，可以用最少量的蜂蜡，筑成最大容量、最坚固的巢房。

（2）上巢础工具　上巢础工具包括巢础垫板、熔蜡壶、埋线器、压边器、手钳等。

①巢础垫板　是一块厚 20 毫米光滑平坦的木板。长宽均较巢框的内围尺寸略小些。使用时先将巢础垫板用水浸湿，以防止埋线时巢础上的蜂蜡粘在板面上。巢础垫板的作用是：上巢础埋线时，从下面将巢础托起。

②熔蜡壶　用来熔化少量的蜂蜡，把巢础粘固在巢框上梁腹面的沟槽内，也可用来粘蜡盏（人工蜂蜡台基）。熔蜡壶是用马口铁或白铁皮制成的一大一小两个形状不同的容器。外壶呈圆台形，近底部是斜伸出的倾水口，近上部配有木柄的手把，内壶由上下两个直径不同的圆柱形组成。当内壶套入外壶中后，就形成了双层水浴锅。外壶底部盛水，内壶装蜂蜡。使用时，外壶加热，待蜂蜡熔化后，将内壶提出，等蜂蜡温度下降至 70 ℃左右时，一手提巢框斜倾 30°，一手提内壶将倾蜡嘴对准沟槽灌些熔蜡。蜡液顺沟流下，凝固后，巢础即被固定在沟槽之内。

③压边器　有的巢框上梁腹面没开沟槽，装巢础时就要使用压边器。压边器是一个带有齿边的滚轮，轮轴套在手柄端部的孔内，滚轮的表面横刻有细小的沟纹，增加滚压时的黏附力。使用时先将滚轮加热，上梁放在桌子上，巢础垂直桌面，巢础片沿边铺在上梁的腹面上，然后把齿边紧靠在上梁边向前滚压，巢础经热压便熔黏在框梁的腹面上，趁巢础尚软时，将巢框放平，使巢框的穿线靠着巢础片。用压边器可省去上梁开沟槽及灌熔蜡，还能防止巢虫潜伏在上沟槽内。一般适用于饲养抗巢虫能力差的蜂种。

④埋线器　巢框穿线靠在巢础片上之后，用埋线器将穿线埋入巢础片内，以增加巢础的支撑强度。手工埋线器最常见的是齿轮埋线器。齿轮埋线器由齿轮、叉状柄和手柄三部分组成，使

用前将齿轮加热，埋线时将某齿的顶部对准房底中央，搭住穿线，这样齿轮向前滚动的每一齿顶恰好都会落在房底中央，以防止压损房基。向前滚动齿轮时，用力要适当，以防穿线压断巢础，或浮离在巢础表面。

手工埋线器还有一种是用四棱锥的铜块配以铁柄或木手柄制成的马蹄形埋线器。锥尖端锉成小凹沟，使之刚好能卡住穿线。使用前先将铜块加热，埋线时将锥尖顶凹沟对准穿线轻轻顺划而过。巢础因铜块的热量熔化而将穿线埋入巢础中。

⑤ 手钳　用手给巢框拉线时使用。手钳也是包装蜂群的常用管理工具。

2. 管理蜂群工具　管理蜂群的常用工具有蜂帽和面网、起刮刀、蜂刷、钉锤、喷烟器、蜂王诱入器、蜂王笼和王台保护圈、饲喂器等。

（1）面网和蜂帽　是在接触蜂群或管理蜂群过程中，套在头、面之外以防头部、面部和颈部遭受蜇刺的一种保护性工具。戴上面网或蜂帽之后，虽然会感到有些不方便，但操作时会减少畏惧，提高效率。即使操作熟练的老养蜂员，在遭到凶暴的蜂群、恶劣的天气或缺乏蜜源时，也需要戴上面网或蜂帽加以保护。因此，面网或蜂帽是蜂群管理中不可缺少的一种工具。

面网用白色通气的棉纱、尼龙纱制成的，前脸宜用黑丝编织，套在草帽或白色塑料帽上使用。如果面网缝合在帽子上则称之为蜂帽。

（2）起刮刀　是蜂群管理中经常使用不可缺少的小工具。理想的起刮刀应是纯铜锻打成的。起刮刀的用途是撬动副盖、继箱、巢脾、隔王栅等。还可以刮产蜂胶，赘脾及箱底污染物，也能起小钉子等。

（3）蜂刷　又称为蜂帚。用来刷除附在巢脾、育王框、产浆框、箱体及其他蜂具上的蜜蜂。蜂刷用不变形的硬木制作，全长约360毫米，嵌毛部分的长度约210毫米。一般嵌有两排刷毛，刷毛长 65 毫米，刷毛是用柔软适中的白毛马鬃或马尾制成。使用过程中，常常因刷毛上沾有蜂蜜而使刷毛变硬，所以要经常将刷毛用清水洗涤，以防使用时伤蜂。

（4）钉锤　是修补蜂箱、巢框、隔王栅时，或在蜂群转地之前固定巢框、隔王栅、副盖以及连接巢箱和继箱时用来钉进或拔出铁钉的常用管理工具之一。蜂场一般使用的铁锤是长约 200 毫米的小型铁柄羊角锤，锤头的锤击部呈正方形，另一端似羊角形；圆形铁柄部制成 V 形，也可用以起拔钉子。

（5）喷烟器　又称为熏烟器，喷烟器用于镇服或驱赶蜜蜂，蜜蜂遇到烟雾就会大量吸蜜和产生躲避行为。腹部吸满蜂蜜时不易动用蜇刺，而使蜂群温驯。喷烟器由发烟筒和风箱两大部分组成。发烟筒由燃烧室、炉栅、筒盖构成。使用时，将干草枯叶点燃后放入燃烧室中，再将筒盖盖上，按动风箱鼓风焖烧发烟。喷烟器多用于检查蜂群、取蜜、合并蜂群、诱入蜂王以及转地途中等蜂群管理。

（6）蜂王诱入器　是暂时将蜂王关起来的容器，主要用于蜂王的间接诱入和蜂王的暂时贮存。蜂王诱入器有很多类型，常见的有木套诱入器、全框诱入器和扣脾诱入器。

（7）饲喂器　是一种可以装贮液体饲料（糖浆或蜂蜜）及水供饲喂蜂群的容器。饲喂器有很多种，但共同的特点是饲喂操作方便，蜜蜂便于吮吸；饲料不易暴露，能防止发生盗蜂；具有合适的容量，使用方便。

3. 割蜜刀和摇蜜机

（1）割蜜刀　主要用途是切除封盖蜜脾上的封盖蜡、切除巢脾上的雄蜂房，常用割蜜刀多以纯铜片制成。

（2）摇蜜机　也称分蜜机。摇蜜机是新法养蜂取蜜必不可少的工具，主要由桶身、转动巢框支架（脾篮）和传动机构组成。摇蜜机的种类很多，我国蜂场普遍使用的是构造最简单的两换面式分蜜机。

4. 人工育王、王浆生产和花粉生产工具　人工育王和王浆生产的主要工具有育王框和产浆框、蜡盏棒、塑料台基、移虫舌等。生产花粉的工具主要是脱粉器。

（1）育王框　与巢框相似的木制框架，其长、高等尺寸与巢框相同，也可用巢脾改制。育王多采用三根台基条的三段育王框，即将三根台基条平行地安装在框的两侧条上。每一台基条可以粘8～12个蜡盏。移虫和分配王台时，台基条都可拆下，便于操作。

（2）产浆框　与育王框相似，框架内台基条一般为4条，每一台基条一般粘20～30个蜡盏，台基条两侧各用一根小钉钉在产浆框的侧条上，可以转动，以便移虫和取浆操作。

（3）蜡盏棒　是粘制蜡盏用的木质模型棒。蜡棒用细致而吸水的木料制成。长约80毫米，两端呈光滑的半球形，一端稍大，一端稍小。大端球直径8毫米，距端部13毫米处的圆棒直径为10～12毫米；小端球直径为7毫米，距端部13毫米处的圆棒直径为9～10毫米。这样可根据需要制作不同大小的蜡盏。

（4）塑料台基　是用无毒塑料注塑成型专供生产王浆使用的人工台基，形状与蜡盏相似。现在国内生产的塑料台基有很多种，有的是单个台基，使用时将塑料台基逐个粘在产浆框的台基条上；有的是板条式的，将多个台基相连在一起，使用时可直接绑在台基条上。

（5）弹性移虫舌　由牛角片、塑料管、推虫杆、钢丝弹簧及塑料绳构成，是育王和产浆最常用的移虫工具。使用时，利用薄而光滑的牛角片舌具有坚挺而柔韧的特性，将角质舌片伸入巢房底部时，舌片就会弯曲插入幼虫的底部，把幼虫带浆托起在舌片的前端移出；将幼虫放在台基中央，然后用食指轻压弹性推虫杆的上端，便可将带浆的幼虫推入台基底部；松开食指，推虫杆在弹簧的作用下自动恢复原位。

（6）脱粉器　使用时放置在巢门口，截取并收集外勤工蜂采集携带归巢的花粉团。有箱底脱粉器和巢门脱粉器等多种类型。

三、蜂群的基础管理

蜂群的基础管理，是养蜂生产中普遍运用的蜂群管理技术措施，是养蜂生产者必须具备的基本功。养蜂人员熟练地掌握蜂群管理的操作技术，根据不同的外界条件和各个蜂群不断变化的内部情况，及时、正确、恰当地管理蜂群，对养好蜂群和夺取蜜蜂产品的高产、稳产是非常重要的。

蜂群的基础管理主要包括蜂群选购、养蜂场地的选择和布置、蜂群开箱操作技术、蜂群的检查、蜂群的调整、蜂群的饲喂、巢脾的修造和保存、蜂群的合并、自然分蜂的控制和处理、人工分群、蜂王和王台的诱入、盗蜂防止、蜂群偏集的预防和处理、蜂群工蜂产卵的预防和处理以及蜂群的近距离迁移等内容。

（一）蜂群的选购

从事养蜂生产首先要考虑的问题就是蜂群的来源。除了在野生中蜂资源丰富的南方山区建场可以诱引野生中蜂之外，多数养蜂场的建立都需要买蜂群。选择的蜂种是否适宜、购蜂时间是否恰当以及所购蜂群质量好坏都影响到建场的成败。

1. 蜂种的选择　世界上没有绝对的和抽象的良种，而只有相对的或具体条件下的良种。对于任何优良蜜蜂品种的评价，都应从当地自然环境和现实的饲养管理条件出发，忽视实际条件而奢谈蜂种的经济性能，是没有现实意义的。因此，选择蜂种应从以下几个方面来考虑。

首先，所选蜂种必须适应当地的自然条件。自然条件包括气候、蜜粉源、病敌害等方面。针对气候因素，应考虑蜂种的越冬或越夏性能。在北方，由于冬季长，而且寒冷，所以选择蜂种应着重考虑蜜蜂的群体抗寒能力。在南方，因为需要利用冬季蜜源，所以选择蜂种应着重考虑蜜蜂个体的耐寒能力。针对蜜粉源因素，应考虑不同蜂种的要求和利用能力。针对病敌害的因素，则应考虑不同蜂种对当地主要病敌害的内在抵抗能力，以及人为的控制能力。

其次，所选择的蜂种必须能适应现实的饲养管理条件。不同的蜂种，对养蜂经营方式（副业或专业）、饲养方式（定地饲养或转地饲养）、管理技术水平的要求有所不同。

再者，所选择的蜂种应增殖力强、经济性能好。蜂群的增殖力，包括蜂王的产卵力、工蜂的育虫能力以及工蜂的寿命等。增殖力强的蜂种，可以有效地采集长期而丰富的蜜粉源，对转地饲养、追花采蜜也极为有力。而养蜂的主要目的之一，是要获取大量的蜂产品，所以选择的蜂种在相应的饲养条件下，应具有较高的生产力。

最后，还要适当考虑蜂种管理的难易问题，因为它将直接影响劳动生产率的高低。如果蜜蜂的性情温驯，分蜂性和盗性弱，清巢性和认巢性强，则管理较为方便。

2. 选购蜂群的时期 购买蜂群最好在早春蜜源开花时进行。因为此后气温日渐回升，并趋于稳定，蜜源也逐渐丰富，有利于蜂群的繁殖，而且当年就可能投入生产。其他季节也可以买蜂，但是购蜂后最好还有一个主要蜜源的花期。这样即使不能取得多少商品蜜，至少也可保证蜂群饲料的贮备和培育一批度夏或越冬蜂。在南方越夏和北方越冬之前，花期都已结束就不宜买蜂。这时买蜂除了蜂群的费用之外，还需购买饲料糖喂蜂。并且蜂群的越冬或越夏管理还有一定的难度，管理方法不得当，蜂群还可能死亡。

购买蜂群的时期，南方上半年宜在2～3月，下半年宜在9～10月；北方宜在4～5月，在此季节最适宜蜂群的繁殖增长。

3. 挑选蜂群　初学养蜂者，不宜大量地购进蜂群，一般以不超过 10 群为好，以后随着养蜂技术的提高，再逐步地扩大规模，蜂群最好向连年高产、稳产的蜂场购买。

选购蜂群的原则为蜂王体大、健壮、产卵力强；子脾面积大，封盖子整齐成片，无花子现象，没有幼虫病；工蜂健康无病，体上蜂螨寄生率低，新蜂多，出勤积极，性情温驯，开箱时安静，巢脾整齐，浅棕色为最好，雄蜂房少。

挑选蜂群，应在天气晴暖时进行，先在巢门前观察。出入勤奋，携粉归巢的外勤蜂比例多，则蜂群一般都比较好。然后开箱检查，工蜂安静，不惊慌乱爬，不激怒蜇人，说明蜂群性情温驯；工蜂腹部较小，体色正常，没有油亮现象，体表绒毛多而新鲜，则表明蜂群健康；蜂王体大、胸宽、腹长丰满，爬行稳健，全身密布绒毛，色泽鲜艳，产卵时腹部屈伸灵敏、动作迅速，提脾时安稳并产卵不停，说明蜂王质量好；卵虫整齐，幼虫鲜亮、有光泽，小幼虫房底王浆较多，无花子烂虫现象则说明幼虫发育健康。

购蜂的季节不同，蜂群的群势要求标准也不同。一般来说，早春蜂群的群势不宜少于 2 足框，夏秋季应在 5 足框以上。在繁殖季节还应有一定数量的子脾。蜂王不能太老，最好是当年培育的，最多也只能是前一年培育的蜂王。此时购蜂还应有一定贮蜜，一般每张巢脾应有贮蜜 0.5 千克。

购蜂时还要注意蜂箱的坚固严密和巢脾巢框的尺寸标准。蜂群购好后，马上就需运走，如蜂群在转运途中，蜂箱因陈旧破损跑蜂就会出现麻烦。巢脾尺寸规格不统一标准，就不便今后的蜂群管理，巢脾的好坏，与蜂群的发展至关重要。因此，购蜂虽然不能强求都是好脾，但也不能太多是发黑、咬洞、雄蜂房多的差脾。应该好、差、新、旧脾适当搭配，买卖双方互相兼顾。

（二）养蜂场址的选择和布置

养蜂场址的条件是否理想，直接影响养蜂生产的成败。选择养蜂场地时，要从有利于蜂群发展和蜂产品的优质高产来考虑。同时也要兼顾养蜂员的生活条件，必须通过现场认真的勘察和周密的调查，才能作出决定。尤其是在选定需要投资基建的固定场址时，更要特别慎重，最好经 2~3 年的养蜂实践考验后，认为确实符合要求，方可进行基建。

1. 养蜂固定场址的选择　理想的养蜂场址，应具备蜜源丰富、交通方便、小气候适宜、水源良好、场地面积比较宽阔、蜂群密度适当和比较安全等条件。

(1) 蜜源丰富　丰富的蜜源是养蜂生产的最基本的条件。在固定蜂场的 2.5 千米范围内，全年至少要有一种以上的主要蜜源植物，并在蜂群活动季节还需要有多种花期交错、连续不断的辅助蜜源植物，以保证蜂群的繁殖和多种蜜蜂产品的生产。同时还应注意选择林木稳定，不乱砍滥伐的地区建场，否则难作长远之计。一般来说，蜂场距离蜜源越近越好，但对花期经常施农药的蜜源作物，蜂群要放在与之相距 50~100 米的地方，以减轻蜜蜂农药中毒的程度。存在有毒蜜源的地方不能作为养蜂场的场址。蜂场应建在蜜源的下风或地势低于蜜源的地方，以便于蜜蜂的采集飞行。在蜂群越冬前后，蜂场周围不能有蜜粉源，以防零星的蜜粉源植物诱使蜂群外勤蜂外出采集，刺激蜂王产卵，在气候和饲料都不利于蜂群代谢的情况下，就会影响蜂群的越冬效果。

(2) 养蜂场的交通条件　蜂场的交通条件与蜂场生产和生活都有密切关系。若在交通闭塞处设立蜂场，会给蜂群和蜂产品的运销及养蜂员的生活带来较多困难。一般情况下，交通十分方便的地方，蜜粉源往往也破坏得比较严重。因此，在蜜源和交通不能两全时，既要重点考虑蜜粉源条件，也要同时兼顾蜂场的交通条件。

(3) 适宜的小气候　养蜂场地周围的小气候特点，会直接影响蜜蜂的飞翔天数、日出勤时间、采集粉蜜的飞行强度以及蜜源植物的泌蜜量。小气候是受植被、土壤性质、地形起伏和湖泊、灌溉等因素影响而形成的。例如山顶风大、山谷雾多；高海拔的山地气温偏低；沼泽地区容易积水和潮湿；无防风林的沿海地带，风沙时起；岩石和水泥地面夏天吸热快，冬天散热快等，这些地方养蜂，无论对蜂群的采集飞行，还是对蜜源植物开花泌蜜都是不利的。所以，养蜂场地最好选择在地势高、背风向阳的地方。如山腰或近山麓的南向坡地上，背有高山屏障，南面有一开阔地，阳光充足，中间布满稀疏的高大林木。这样的场地，春秋可防寒风侵袭，盛夏可避烈日暴晒，并且凉风习习，有利于蜂群的活动。

（4）水源良好　蜂群和养蜂员的生活都离不开水，没有良好水源的地方，不利于建场。如果在常年有潺潺流水的地方建场则最为理想。但要尽量避免将蜂场设在水库、湖泊、河流和大的水塘边。因为在刮风的天气，蜜蜂如在采水或飞越水面采集蜜源时落入水中，常会造成大量溺死现象。处女王交尾也常常因此而损失。此外，还要注意蜂场周围不能有污染或有毒的水源，以免蜂群遭受损失。

（5）保证人、蜂安全　建立蜂场之前，还应先摸清危害人、蜂的敌害情况，如大野兽、黄喉貂、胡蜂等。最好能在避开有这些敌害的地方建场，或者采取必要的防护措施，可能受到山洪冲击或塌方的地点不能建场。山区建场还应注意预防火灾。北方山区建场，要注意冬季大雪封山。

养蜂场应远离铁路、厂矿、机关、学校、畜牧场等地方，因为蜜蜂性喜安静，如有烟雾、声响、震动等侵袭，会使蜂群不得安宁，容易发生人畜被蜇事故。在香料厂、农药厂、化工厂以及化工农药仓库等环境污染严重的地方，决不能建立蜂场。蜂场也不能建糖厂、蜜饯厂附近，蜜蜂在缺乏蜜源的季节，就会飞到糖厂或蜜饯厂采集。不但影响工厂的生产，对蜜蜂也会造成损失。

2. 蜂群的排列　一个放蜂场地安置蜂群的数量，主要根据蜜粉源的情况而定，一般为 30～50 群比较合适。即使蜜源条件很好，最好也不要超过 100 群。转地放蜂场地的蜂群数量可适当多些。

蜂群的排列方式多种多样，应根据蜂群的数量、场地的面积、不同蜂种和不同季节灵活掌握，但都应以管理方便，蜜蜂容易识别蜂巢位置，流蜜期便于形成强群以及断蜜期不易引起盗蜂为原则。

（1）中蜂的排列 中蜂认巢能力差，容易错投，并且盗性强，所以中蜂的排列不能太紧密，以防蜜蜂错投、斗杀和引起盗蜂。中蜂蜂箱的排列应根据地形、地貌适当地分散排列，各蜂群的巢门方向应尽可能地错开。在山区，可利用斜坡、树丛或大树布置蜂箱，使各个蜂箱的巢门方向、位置高低各不相同，箱位目标显著，易于蜂群识别。

转地放蜂的蜂群，如场地面积有限，可以 3～4 群为一组进行排列，组距 1 米左右，但是巢门应各朝一方，饲养少量的蜂群可在比较安静并且朝南的屋檐下或篱笆边作单箱排列。

（2）西方蜜蜂的排列 西方蜜蜂的排列方式有单箱并列、双箱并列、"一条龙"排列、圆形排列和方形排列等，这些蜂群的排列方式各有特点。

① 单箱并列 这种排列方式（图 3-1a）适用于蜂场规模小、蜂群数量少而场地宽敞的蜂场，单箱并列可以分为单箱单列和单箱多列两种。每个蜂箱之间相距 1～2 米，各排之间相距 2～3 米，前后排的蜂箱交错放置，以便蜜蜂出巢和归巢。

② 双箱并列 这种排列方式（图 3-1b）主要应用于规模大，蜂群数量多，而场地受限制的蜂场。双箱并列可分为双箱单列和双箱多列两种方式。双箱并列的蜂群排列方式就是将两个蜂箱并排靠在一起为一组，多组蜂群列成一排。两组之间相距 1～2 米，各排之间相距 2～3 米，前后排的蜂箱尽可能地错开。

③ "一条龙"排列 这种方式（图 3-1c）多用于放蜂场地

受到限制时。一般只适用在繁殖期或停卵期的平箱群，也常用于转地蜂场。转地蜂场为了便于管理，蜂群尽量集中放置，甚至在"一条龙"排列的蜂箱后用铁链锁住，以防失窃。"一条龙"的排列方式就是将蜂群一箱紧靠一箱，巢门朝向一个方向，排成长长一列，或两列，这种方法排列蜂群的缺点是蜂群易偏集。

④ 三箱多列　这种蜂群的排列方式（图3-1d）也是应用于蜂群数量多而放蜂场地有限的蜂场。三箱多列的排列方式是三箱蜂放在一起为一组，一组中的三群蜂巢门方向各不相同。组与组之间距1～2米，每列之间的距离为2～3米。排放时还要尽量避免邻近组的蜂箱巢门相对。此方法排列的蜂群数量多，且蜂群不易错投，但是巢门开向各个方向，有的蜂群的巢向就可能不尽理想。

⑤ 圆形或方形排列　这种排列方式（图3-1e）多用于转运途中临时放蜂，其特点是既能使蜂群相对集中，又能防止蜂群的偏集。圆形或方形的蜂群排列方式是将蜂箱紧靠在一起摆成圆形或方形，巢门朝内。

除了转地途中临时放蜂之外，无论采用哪一种的蜂群排列方式，都应用砖头、木桩或竹桩将蜂箱垫高20～30厘米，以免地面上的虫敌害进入蜂箱和潮气沤烂箱底。蜂箱摆放应左右平衡，巢脾倾斜不宜太大，以免刮风或其他因素引起蜂箱翻倒。

蜂群夏日应安置在阴凉通风处，冬日应放置在避风向阳的地方，所以蜂群最好能放在阔叶落叶树下，炎热的夏天茂密的树冠可为蜂群遮阳；冬日落叶后，温暖的阳光可照射在蜂箱上。排列蜂群时，繁殖期和流蜜期巢门方向尽可能朝向东或南，但不可轻易朝西。巢门朝东或南，能促使蜂群提早出勤；在酷暑季节，便于清风吹入巢门，加强巢内通风；在低温季节可以保持巢温，有利于蜂群的安全越冬。巢门朝西的蜂群，春秋季蜜蜂上午出勤迟，下午尤其傍晚的太阳刺激蜜蜂出巢后，又常因太阳下山或阴云的影响，使蜜蜂受冻而不能归巢；夏日下午太阳直射巢门，造

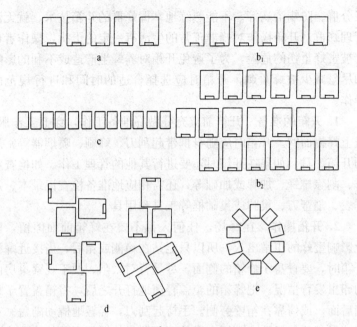

图 3-1 蜂群的排列

a. 单箱并列 b. 双箱并列 c. "一条龙"排列

d. 三箱多列 e. 圆形排列

成巢温过高，使蜜蜂离脾。越冬前期，为控制蜜蜂减少出勤，降低巢温，可将巢门朝北排放。

此外，放置蜂群的地方，不能有高压电线、高音喇叭、路灯、诱虫灯等吸引刺激蜜蜂的物体。蜂箱前面开阔无阻，便于蜜蜂的进出，不能将蜂群巢门面对墙壁、篱笆或灌木丛等。

（三）蜂群的开箱技术

开箱就是将蜂箱的大盖和副盖打开，提出巢脾以便进行检查和其他管理的操作过程。开箱是蜂群饲养管理中最基本的操作技术，蜂群很多的饲养管理措施都需要开箱才能完成。如蜂群的检查、加础造脾、蜂群饲喂、调整蜂群、取蜜产浆、蜂群合并、人工分群、防螨治病等。不能熟练地掌握蜂群的开箱技术，就无法管理蜂群。开箱操作对蜂群正常的生活有一定的干扰，操作者也有被蜜蜂蜇伤的危险，为了避免开箱对养蜂生产造成不利的影响和尽量减少被蜂蜇刺，开箱时应选择合适的时间和进行规范的操作。

1. 开箱的准备　开箱前应充分做好准备工作，穿上工作服，戴上蜂帽面网。开箱时应随身携带起刮刀、蜂刷、喷烟器等常用的开箱工具。如果在开箱时还要进行其他的管理工作。如检查定群、割除雄蜂、加脾或加础等，还需相应地准备检查记录本、定群表、割蜜刀、巢脾或巢础框等工具和用具。

2. 开箱操作　在蜂场，任何人都不要在蜂箱前面停留，以免影响蜜蜂的正常出入，所以只能站在箱侧或箱后，当接近蜂群开箱时，要置身于蜂箱的侧面，尽量背对太阳，便于观察巢房内的卵虫发育情况。把蜂箱的箱盖轻捷地打开之后，将箱盖置于蜂箱后面，或倚靠在箱壁旁侧。手持起刮刀，轻轻地撬动副盖。对于凶暴好蜇的蜂群，可用点燃的喷烟器，从揭开副盖的缝隙或直接从纱盖的上方对准巢框上梁喷烟少许，再盖上副盖，使蜂驯服后，将副盖揭起。反搁在巢箱前，副盖的一端搭放在巢门踏板前端，使副盖上的蜜蜂沿副盖斜面向上爬进蜂箱。如果蜂群温驯就不必喷烟。蜂箱的箱盖和副盖都打开后，双手轻稳地接近蜂箱的前后两端，将隔板向边脾的外侧推移，然后用起刮刀一端的弯刃，依次插入近框耳的各框蜂路，轻轻撬动巢框，使框耳与箱体槽沟粘连的蜂胶分离，以便于将巢脾提出。提脾的方法，是用双手的拇指和食指紧捏双侧框耳，将巢脾由箱内垂直向上提出。巢脾提出时，切勿使巢脾互相碰撞而挤伤和激怒蜜蜂，使蜂群凶暴影响继续操作。蜂王被挤伤损失就更大了。提出的巢脾应置于蜂箱的正上方检查或操作，避免蜂王从脾上落到地下或者巢脾上的稀蜜滴到箱外造成损失。同时还应注意巢脾不可提得太高，以免蜂王落下摔伤。如果蜂箱巢脾太满，不便操作，可将无王的边脾提出，暂时立起侧放于箱外侧或箱后壁。

一般的情况下，提出的巢脾，应尽量保持脾面与地面垂直，以防强度不够而又过重的新子脾或新蜜脾断裂以及花粉团和新采来的稀薄蜜汁从巢房中掉出。如果巢脾两面都需要看时，可先查看巢脾正对的这一面。翻转巢脾查看另一面时，先将水平的巢框上梁竖起，使其与地面垂直，再以上梁为轴，将巢脾向外转动半圈，然后将捏住上梁框耳的双手放平，巢脾的下梁向上，在操作时，应始终保持巢脾与地面垂直。全部查看完毕后，再按上述相反的顺序恢复到提脾初始的状态。另一种提脾查看的方法是，提出巢脾后先看面对视线的面，然后将巢脾放低，巢脾下部略向前倾斜，从脾的上面向脾的另一面查看。有经验的养蜂员常用此法快速检查。

开箱处理后，按正常的框间蜂路（8～10毫米），迅速将各巢脾和隔板按原来的位置靠拢，然后盖好副盖和箱盖，在恢复时，特别要注意不能挤压蜜蜂。蜜蜂经常被挤压死伤的蜂群，往往会变得凶暴。将巢脾放入箱中和盖上副盖时，特别要注意巢脾框耳下面和箱体的巢沟处以及副盖与箱壁上方，这些地方最容易压死蜜蜂。如果蜂箱上口沿处蜜蜂很多，在盖上副盖时，为了避免压死蜜蜂，应先把副盖的一边搭在箱口沿上，慢慢地把副盖的另一边往下放。当快接近箱沿时，必须轻轻地上下摆动几下，以便催迫蜜蜂离开箱沿。箱体的槽沟处有蜜蜂时放下巢脾也应在巢脾框耳接近箱体槽沟时轻轻晃动几下，催赶蜜蜂离开框耳下侧之后，再把巢脾放下。

如果要开继箱蜂群的巢箱，可将箱盖揭开后，翻过来平放于箱后，用起刮刀撬动继箱与平面隔王板（或巢箱）的连接处，使此处粘连的蜂胶分开，然后将继箱搬下，置于翻过来的箱盖上。恢复时，要防止继箱下面压死蜜蜂。

3. 开箱时的注意事项 为了避免对蜂群的严重影响，保证蜂群正常的生活以及开箱操作安全，开箱时应注意以下几个方面的问题。

（1）开箱最好选择 18～30 ℃晴暖无风的天气进行，尽量避免在阴凉处 14 ℃以下的天气开箱。气温低开箱对蜂巢正常巢温影响很大，还会影响到子脾的发育和饲料的消耗。另外在低温、刮风、阴雨的天气开箱，蜂群比较凶暴，开箱操作的时间越短越好，一般不要超过 10 分钟。开箱时间长，不但影响巢温，而且还会影响幼虫的哺育和饲喂以及容易引起盗蜂。酷暑期开箱应在早晚进行。大流蜜期开箱要避开采集工蜂出勤的高峰期。

（2）外界蜜源条件不好的盗蜂季节最好不要开箱。如果必须开箱，也只能在蜂群不出巢活动之时进行，并且应特别注意，巢脾中的蜜汁不能滴到箱外，万一不慎滴到箱外，一定要将蜜汁用土掩埋，或用水冲洗清除，以防引起盗蜂。

（3）开箱时，养蜂人员身上切忌带有葱、蒜、汗臭、香脂、香粉等异味，或穿戴黑色或深色毛呢质的衣帽，因为蜜蜂厌恶这些气味和色泽，容易引起蜜蜂激怒而行蜇。

（4）开箱操作时，力求仔细、轻捷、沉着、稳重，做到开箱时间要短，提脾和放脾要直上直下，不能压死和扑打蜜蜂以及挡住巢门。揭盖、覆盖、提脾、放脾都要轻稳，不对着巢脾喘粗气或大声喊叫。

（5）如果被蜂蜇，一定要沉着冷静，不能惊慌，应迅速用指甲刮去蜇针，但不能用手指捏着拔出。手提巢脾被蜇时，可轻轻地将巢脾稳放后再处理，切不可将巢脾一扔，大喊大叫，拼命逃窜。被蜇的部位因留有蜜蜂报警外激素，很容易被蜜蜂再次蜇刺。所以被蜇部位刮去蜇针后，应用清水或肥皂水洗净擦干。有过敏反应者还应及时送往医院急救。

（6）交尾群开箱，只能在早晚进行，中午前后往往是处女王外出交尾的时间，如果此时开箱查看，容易使返巢的处女王投错他群而发生事故。

（7）刚开始产卵的蜂王，常会在开箱提脾时惊慌飞出，遇到这种情况，要立即停止检查，将手中巢脾的蜜蜂顺手抖落在蜂箱巢门前，放下巢脾，敞开箱盖，暂时离开蜂箱周围，等待蜂王返巢。一般情况，蜂王会随着飞起的工蜂返回巢内，切不可去追捕蜂王。蜂王返巢后，应迅速恢复盖好箱盖，不要继续开箱，以免使惊慌的蜂王再度飞起。

(四) 蜂群的检查

蜂群在蜂巢内的情况，是经常发生变化的。为了及时掌握蜂群活动和预测蜂群的发展变化情况，以便结合蜜源、天气以及生产目的采取相应的管理措施，要随时观察蜂群的内部情况，例如蜂王的状况、子脾的数量和发育、群势强弱、粉蜜贮存情况、蜂脾比例，有无雄蜂和王台以及巢内病敌害情况等。根据不同的季节、蜜源和管理条件，蜂群的检查方法有 3 种，即全面检查、局部检查和箱外观察。

1. 全面检查 蜂群的全面检查就是开箱后，将巢脾逐一提出进行仔细查看，全面了解蜂群内部的一切现象，有助于采取适当的管理措施。这种检查方法的特点是对蜂群内部情况了解得比较详细，但是，这种检查方法，由于检查的项目和巢脾数量多，开箱所花费的时间较长，在低温季节，特别是在早春或晚秋，会影响蜂群的巢温；缺蜜季节容易引起盗蜂，并且蜂群全面检查操作管理所花费的时间也多，因此，全面检查不宜经常进行，在蜂群的饲养管理过程中，如不需进行全面检查，应尽可能避免。全面检查一般在早春繁殖期、蜂群的分蜂期、蜜源花期始末以及秋季换王和越冬前进行。

对蜂群进行全面检查时，应着重了解蜂群巢内的饲料是否充足，蜂和脾的比例是否恰当，蜂王是否健在，产卵多寡，蜂群是否发生病、虫、敌害，在分蜂季节还要注意巢脾上是否出现自然分蜂王台等。

全面检查蜂群的速度要快，对于蜂群检查中发现的问题，能够顺手处理的，如毁台、割除雄蜂蛹、加脾、加础、抽脾等，可立即处理；不能马上处理的，应做好记号，等全场蜂群全部检查完毕之后再统一处理。

　　每群蜂全面检查完毕，应及时记录检查结果，即将蜂群内部的情况记入蜂群检查记录表（简称定群表）中，以此分析蜂群在某一场地的发展规律和某一蜂群的繁殖生产能力，作为下次检查蜂群和制定蜂群管理计划的依据。所以，蜂群的检查记录表应分类整理、存档，长期妥善保存。蜂群的检查记录表分为蜂群检查记录分表（表3-1）和蜂群检查记录总表（表3-2）两种。全面检查蜂群后，将蜂群内部的情况记入表中相应的各栏，并记下在检查中发现蜂群出现的问题，例如，出现分蜂王台、失王、工

表3-1　蜂群检查记录分表

蜂群号_____　　　　　　　　　　　　　　　蜂王产卵日期_____

检查日期		蜂王情况	放框数	子脾框数	空脾	巢础框	存蜜（千克）	存粉（框）	群势		发现问题及工作事项	备注
月	日								蜂	子		

制表_____

表3-2　蜂群检查记录总表

场址_____　　　　　　　　　　　　　　____年____月____日

蜂群号	蜂王情况	放框数	子脾框数	空脾	巢础框	存蜜（千克）	存粉（框）	群势		发现问题及工作事项	备注
								蜂	子		

管理人_____　　　　　　　　　　　　　　检查人_____

蜂产卵、病虫敌害等，采取的处理措施，如毁台、介台、调脾、加脾、加础等，也应记入表中。蜂群检查记录分表，能够反映某一蜂群的现状和变化规律。蜂群全面检查完毕后，还应将各蜂群的情况，汇总到蜂群检查记录总表中。蜂群检查记录总表能够反映蜂场在某一阶段所有蜂群的全面状况。

全场的蜂群应在蜂箱上有固定的编号，并用此号码来代表一个蜂群，检查记录时，将此号码记到"蜂群号"一栏中。检查记录表中的"蜂王情况"是指蜂王是否正常；"放框数"是指蜂群中所有巢脾和巢础框数的总和；"子脾框数"是指有卵、虫、封盖子的巢脾数量；"空脾"是指巢内没有子、蜜、粉的空巢脾的数量；"巢础框"是指造脾不满 1/4 的巢础框数量；"存蜜"是指巢内贮存蜂蜜的数量，单位是"千克"，一般一个巢脾两面贮满蜂蜜为 2 千克；"存粉"是指巢内贮存花粉的数量，单位是"框"，0.1 足框左右用"＋"表示，0.2～0.3 足框用"＋＋"表示，0.4～0.5 足框用"＋＋＋"表示，半足框以上的贮粉用足框的数字表示。"群势"无论是蜂的数量还是子脾数量均以足框为计。

蜂群定地饲养，要摸清蜂群的生活和活动规律，除了需要记录填写蜂群检查记录表之外，还需记录蜂场日记（表3-3），蜂场日记的作用，是通过多年的记载，了解当地气候的变化规律，蜜源植物花期及对蜂群的影响。

表3-3　蜂场日记表

场址＿＿＿＿＿＿＿＿　　　　　　　　　　　　　　年　月　日

日期	7时			13时			19时			平均			最高温度	最低温度	天气状况	蜂群活动蜜粉源状况和工作纪要
	干球温度	湿球温度	相对湿度	干球温度	湿球温度	相对湿度	干球温度	湿球温度	相对湿度	干球温度	湿球温度	相对湿度				

2. 局部检查 蜂群的局部检查，就是抽查巢内某一张或几张巢脾，根据蜜蜂生物学特性的规律和养蜂经验，判断和推测蜂群中的某些情况，由于不需要查看所有的巢脾，因而开箱的时间短，可以大大减轻养蜂人员的劳动强度和对蜂群的惊扰。蜂群的局部检查，特别适用于外界气温低，或者蜜源缺少，容易发生盗蜂等情况，因以上情况下，一方面不便长时期开箱检查，另一方面又要了解蜂群。

对蜂群进行局部检查，要有明确的目的性，需要了解蜂群中的什么问题，应该在什么部位提脾，都应事先考虑好，以便对要了解的情况能做出准确的判断，收到事半功倍的效果。对蜂群进行局部检查的主要内容和判断情况的依据如下。

（1）群内贮蜜的情况 如果要了解蜂群的贮蜜多少，只需查看边脾上有无存蜜，或者查看隔板内侧第二或第三个巢脾上边角有无封盖蜜即可。如有存蜜，就表明蜂群存蜜充足；否则，说明巢内贮蜜不足，需要饲喂。

（2）蜂王情况 如果要检查蜂王情况，应该在巢的中间提脾检查，因为蜂王常在蜂巢的中部活动产卵。如果在提出的巢脾上见不到蜂王，但巢脾上有新产下的卵或小幼虫，而无改造王台，说明该群的蜂王健在；若封盖子脾整齐、空房少，说明蜂王产卵良好；倘若既不见蜂王，又无各日龄蜂子，或在脾上发现改造王台，看到有的工蜂在巢脾上或巢框顶上惊慌扇翅，这就意味着已经失王；若发现巢脾上的卵分布极不整齐，一个巢房中有几粒卵，而且东倒西歪，卵黏附在巢房壁上，这说明该群已失王很久，工蜂已开始产卵；如果蜂王和一房多卵的现象并存，这说明蜂王已经衰老，或存在着生理缺陷，应及时淘汰。

（3）加脾或抽脾 要检查蜂群的蜂脾关系，确定蜂群是否要加脾或抽脾，主要应看蜜蜂在蜂巢内的分布密度和蜂王产卵力的高低，通常抽查隔板内侧第二个巢脾就可作出判断，如果该巢脾上的蜜蜂分布达 80%～90%，蜂王的产卵围已扩大到巢脾的边缘巢房，并且边脾是贮蜜脾，就需及早加脾；如果巢脾上的蜜蜂分布稀疏，巢房中无卵虫、封盖子，就应将此脾抽出，适当地紧缩蜂巢。

（4）蜂子的发育情况　检查蜜蜂卵蛹的发育状况，一是要查看蜂群对幼虫饲喂的好坏，二是要查看有无幼虫病。欲查明这些情况，应从蜂巢的偏中部位，提1～2个巢脾进行检查。如果巢房内幼虫显得湿润、丰满、鲜亮，小幼虫底部白色浆状物明显，封盖子脾非常整齐，即发育好；若幼虫干瘪，甚至变色、变形或出现异臭，整个子脾上的卵、虫、封盖子混杂，封盖巢房塌陷或穿孔，说明蜂子发育不良，或患有幼虫病。若脾面上或蜜蜂体上可见大小蜂螨，则说明蜂螨危害严重。

3. 箱外观察　蜂群的内部情况，在一定程度上能够从巢外的一些现象反映出来。因此，通过在箱外观察蜂群的有关活动和现象，就能大致推断蜂群内部的情况。箱外观察这种检查了解蜂群的方法，随时都可进行，尤其是在特殊的环境条件下，不宜开箱检查时。箱外观察主要是根据蜜蜂在巢外活动、巢门前蜂尸以及蜂箱散发出来的气味等状况来进行判断。

（1）从蜜蜂的活动状况判断

①蜜源的泌蜜情况　全场的蜂群进出巢繁忙，巢门拥挤，归巢的采集工蜂腹部饱满沉重，夜晚扇风声大作，说明外界蜜源泌蜜丰富，蜂群采酿蜂蜜积极；蜜蜂出勤少，巢门口的守卫蜂警备森严，常有几只蜜蜂在蜂箱周围或巢门口附近窥探，伺机进入蜂箱，这说明外界蜜源稀少，已出现盗蜂活动。在流蜜期，如果外勤蜂采集时间突然提早或推迟，说明天气将要变化。

②蜂王状况　在外界有蜜粉源的晴暖天气，如果工蜂采集积极，归巢携带大量的花粉，说明蜂王健在，且产卵力强。因为巢内卵虫多，需要的花粉量也多，所以采集花粉多的蜂群，巢内子脾必然多。反之，采粉少的蜂群，卵虫就相对少一些，蜂王的产卵力低。如果出现蜜蜂出巢怠慢，无花粉带回，有的工蜂在巢

门前乱爬或振翅，则有失王的嫌疑。

③ 自然分蜂的征兆　在分蜂季节，大部分的蜂群采集、出勤积极，而个别强群很少有蜂进出巢，却有很多工蜂拥挤在巢门前形成"蜂胡子"，此现象就是将要分蜂的征兆。

④ 蜂群的群势强弱　当天气、蜜粉源条件都比较好时，有许多蜜蜂同时出入，巢门口熙熙攘攘，到傍晚大量的蜜蜂拥簇在巢门踏板或蜂箱前壁，说明蜂群强盛；反之，在相同的条件下，进出巢蜜蜂比较少的蜂群，群势就相对弱一些。

⑤ 巢内拥挤闷热　夏季，许多蜜蜂在巢门口扇风，傍晚，部分蜜蜂不愿进巢，而在巢门周围聚集，这种现象说明巢内拥挤闷热。

⑥ 发生盗蜂　当外界蜜源稀少时，蜂箱的巢门前秩序混乱，工蜂抱团厮杀；或者在非流蜜季节，弱群巢前的工蜂活动突然活跃起来，仔细观察进巢的工蜂腹部小，而出巢的工蜂腹部大，这些现象说明发生了盗蜂。如果此时某一强群突然有大量的工蜂携蜜归巢，该群则可能是作盗群。

⑦ 农药中毒　工蜂在蜂场激怒乱飞，性情凶暴，常追蜇人、畜，发现携带花粉的工蜂在地上翻滚抽搐，此现象是蜜蜂到喷洒农药的蜜源植物上采集，使蜜蜂农药中毒。

⑧ 螨害严重　如果不断地发现有一些体格弱小、翅膀残缺的幼蜂爬出巢门，不能起飞，满地乱爬，此现象说明巢内的蜂螨危害严重。

⑨ 蜂群患下痢病　在巢门前如果发现蜜蜂的体色特别深暗、腹部膨大、飞翔困难、行动迟缓，并在蜂箱周围排泄稀薄而恶臭的粪便，这就是蜂群患下痢病的症状。

⑩ 蜂群缺盐　无机盐也是蜜蜂生长不可缺少的物质，见到蜜蜂在厕所小便池采集，则说明蜂群缺盐，如果人在蜂场附近，蜜蜂会在人的头发、皮肤上啃咬，就说明蜂群缺盐严重。

（2）从巢前死蜂和死虫蛹的状况判断

① 蜂群巢内缺蜜　巢门前出现有拖弃幼虫或繁殖期驱杀雄蜂的现象，若用手托起蜂箱后感到很轻，说明巢内已经缺乏贮蜜，蜂群处于接近危险的状态。巢前出现腹小、伸喙的死蜂，甚至巢内外大量堆积这种蜂尸，则说明蜜蜂因饥饿而死亡。

② 农药中毒　在晴朗的日子，全场蜂群的巢门前，突然出现大量的双翅展开，勾腹伸喙的青壮年死蜂，尤其强群死蜂更多，有的死蜂后足还携带花粉团，这就说明是农药中毒。

③ 大胡蜂侵害　夏秋是胡蜂活动猖獗的季节，蜂箱前突然出现大量的缺头、缺足、尸体不全的死蜂，而且死蜂中大部分都是青壮年蜂，这表明该群不久前曾遭大胡蜂的袭击。

④ 冻死　在寒冷的天气，蜂箱巢门前出现头朝箱口，呈冻僵状的死蜂，则说明气温太低，外勤蜂来不及进巢就冻死在巢外。

⑤ 蜂群遭受鼠害　冬季或早春，如果巢门前出现较多的蜡渣和头胸不全的死蜂，从巢内散发出臊臭的气味，并且看到蜂箱有咬洞，则说明老鼠进入巢箱危害。

⑥ 巢虫危害　饲养中蜂，如果发现工蜂拖弃在巢门前的死蛹，则说明是巢虫危害。

⑦ 自然交替　天气正常，蜂群也未曾分蜂，如果见到巢前有被刺死和拖弃的蜂王或王蛹，可推断此蜂群的蜂王已完成自然交替。

⑧ 蟾蜍危害　夏秋季节，发现蜂箱附近有灰黑色的粪便，如一节小指头大小，拨开粪团，可见许多未经消化的蜜蜂头壳，说明夜间有蟾蜍危害蜜蜂。

（3）从蜂群内散发的气味判断　蜂群患幼虫病，蜜蜂出勤疲滞，箱内散发腥臭气味，这种现象是发生了幼虫病。

在蜂群饲养管理过程中，平时了解全场的蜂群情况，一般都是先通过箱外观察，进行初步判断，发现个别不正常的蜂群，再针对具体问题进行局部检查或全面检查。为了便于在箱外观察，准确判断，应在每天傍晚或清晨都观察和清扫巢前。

（五）蜂群的饲喂

蜜蜂的饲料是维持蜂群正常生命活动和发展所必需的。由于外界蜜粉源的间断，或人为地过分取蜜，使蜂群内饲料贮存不足，因而就会影响蜂群的生存和发展。在这种情况下，就需对蜂群进行饲喂。此外，对蜂群需要施加某些特殊的管理措施时，也要饲喂蜂群。蜂群的饲喂是蜂群管理中一项很重要的手段，饲喂蜂群的方式、饲喂的时间以及饲料的质量和数量等掌握得是否适当，对蜂群都有很大的影响。养蜂的主要目的是为了授粉、取蜜、产浆和获得其他蜂产品，要达到上述目的，就必须使蜂群的群势强盛，而蜂群饲喂就是为了维持和发展蜂群所采取的一种重要措施。因此，养蜂人员应该遵守"该取则取、该喂则喂"这一条蜂群管理的基本原则。饲喂蜂群的饲料，主要有糖饲料（蜂蜜或蔗糖糖浆）、蛋白质饲料（花粉或花粉代用品）、水和无机盐等。

1. 饲喂糖饲料　糖是蜂群最主要的饲料，蜂群缺乏糖饲料不但会影响蜂群正常发展，甚至使蜂群难以生存，用来饲喂蜂群的糖饲料主要有蜂蜜和蔗糖配制的糖浆。根据蜂群的状况以及蜂群管理的目标，饲喂蜂群糖饲料的方法有两种。一是补助饲喂，一是奖励饲喂。

（1）补助饲喂　补助饲喂就是在蜜源缺乏的季节，对贮蜜不足的蜂群大量地饲喂高浓度的蜂蜜或糖浆，使蜂群能维持正常的生活。在早春经过紧脾（缩小蜂路和蜂巢）、保温和开始繁殖时，在秋、冬季蜜蜂越冬前，在断蜜期，在转地前以及因盗蜂等其他原因使巢内贮蜜不足等情况下，就必须对蜂群进行补助饲喂。

补助饲喂给蜂群优质成熟的蜜脾最为理想，补充蜜脾一般是把蜜脾插在边脾或边二脾的位置。在秋冬季，为了使蜂群早断子，在气温将要降到10℃时，可把蜜脾插在蜂巢中央，但在早春繁殖期或冬季蜜蜂结团时，就不能这样插脾，以免子脾受冻，或蜂团被蜜脾分成两半而影响越冬。在气温较低的季节补充蜜脾，必须先把蜜脾放在室内加热到 25～30 ℃。除了蜜蜂冬季结团以外，其余季节在将蜜脾加入蜂群之前，可先把蜜脾的蜜盖切开，然后喷上少许的热水，以便蜜蜂取食，如果蜂蜜在脾中结晶，可将结晶的蜜脾放在继箱中，每箱等距放 8 个脾，置于保持在 35 ℃左右的室内，经 3～4 天即能溶化，此时就可将蜜脾的蜜盖切开，喷点温水加入蜂群。

没有蜜脾可用蜂蜜或蔗糖浆补饲蜂群，优质成熟的蜂蜜 3～4 份或优质白糖 2 份，兑水 1 份，以文火化开，待放凉后于傍晚喂给蜂群。补助饲喂的量，每次以蜂群的接受能力为限，即蜂群一次能够接受多少就饲给多少，一般为 0.7～1 千克，应连续饲喂到补足为止。但是要注意，补助饲喂的时间不能拖得太长，以免客观上造成奖励饲喂的效果。补助饲喂的方法是，将灌入糖饲料的大容量饲喂器（如框式饲喂器）放入蜂箱中，让蜜蜂搬取，也可用灌脾的方法进行补助饲喂，即将巢脾插入温热的糖浆或蜜汁中，上下抽动，或用手指、毛刷擦刷巢房口，使糖浆或蜜汁灌入巢房孔内，灌满后将巢脾提出，放在架在盆上的继箱中，等黏附在巢脾表面的糖浆蜜汁滴尽后，在傍晚加入蜂群。灌脾也可用水壶装满糖饲料直接灌到蜂箱中的巢脾上。对缺糖饲料的弱群，直接补助饲喂糖浆或蜜汁容易引起盗蜂，最好补以贮备的蜜脾。如果没有蜜脾贮备，可先集中对强群饲喂，然后再将强群的蜜脾抽出补给弱群。

（2）奖励饲喂　为了刺激蜂王产卵、工蜂泌浆育虫，加快造脾速度，促进蜂群采集的积极性，以及合并蜂群，诱入蜂王等之前稳定蜂群的性情，不管蜂群巢内贮蜜是否充足，都饲喂蜂群一定量的糖饲料，这种饲喂蜂群的方法就是奖励饲喂。奖励饲喂的糖饲料浓度和每次的饲喂量，主要根据蜂群巢内的贮蜜情况而定。巢内贮蜜充足，奖励饲喂的糖饲料浓度就可稀一些，一般用成熟蜂蜜 2 份或优质白糖 1 份，兑水 1 份搅拌溶解。奖励饲喂的量以巢内贮蜜不压缩蜂王产卵圈为度。一般来说，意蜂每群每日饲喂 0.2～0.5 千克，中蜂 0.1～0.3 千克，巢内贮蜜不足的蜂群，奖励饲喂的糖饲料浓度以及饲喂量都可适当增加，为了使蜜蜂持久兴奋，增强效果，奖励饲喂应每天晚上连续进行，不可无故中断。对蜂群进行奖励饲喂的时间，在春季，应于主要流蜜期到来之前 45 天，或外界出现粉源的前一周开始；在秋季应于培育适龄越冬蜂阶段进行；人工育王或生产王浆，应在组织好哺育群或产浆群后就开始奖励饲喂。奖励饲喂的方法主要也是采用饲喂或灌脾。奖励饲喂的量少，选用饲喂器的容量也小，可采用瓶式巢门饲喂器于傍晚放在巢门口饲喂，或用长 42 厘米、宽 6～8 厘米、高 1.2～1.8 厘米的铁盘装入饲料，傍晚从巢门口塞于箱内饲喂。气温适宜，蜂群的群势较强，也可以在箱外进行奖励饲喂。即将饲喂器装入糖饲料，在天黑后放在蜂箱的巢门踏板前。饲喂器的上沿与巢门踏板持平，便于蜜蜂爬出巢门采食。用灌脾的方法奖励饲喂蜂群，可将糖饲料直接灌到巢脾的空房中，也可在巢框的上梁浇上一点。

无论是补助饲喂还是奖励饲喂，都应该注意预防盗蜂的发生，在饲喂时糖饲料不能滴到箱外，尤其在灌脾时，糖浆或蜜汁不能落到巢箱中过多，以免从巢门口流出，万一操作不慎，滴落在巢箱中的糖饲料过多，有流出箱外的可能，可暂时将蜂箱前面垫高。饲喂完毕后，要仔细检查，并用清水冲洗或用土掩埋滴在蜂场周围的糖浆或蜜汁。饲喂蜂群一般应在傍晚进行。第二天清晨，要在蜜蜂活动前，将蜂群没有吸取完的饲料饲喂器取出密封收存。此外，灌脾时还应注意，不能把糖浆或蜜汁灌到有卵虫的巢房中，以免淹死正在发育的卵虫。饲喂时，饲喂器中还必须放上浮板或草秆，使蜜蜂采集时不至于淹死。

蜂群对越冬饲料要求比较严格，最好是用优质的成熟蜂蜜补饲蜂群，其次是优质白糖配制的糖浆。如用糖浆喂蜂，为促使其中的蔗糖转化，可在糖浆中加入 0.1% 的酒石酸或适量的酸果汁，也可在微热的糖浆中加入 0.1%～0.2% 的蔗糖转化酶。但不能用来历不明的蜂蜜喂蜂，以防传染蜂病。为保障蜂群的安全越冬，红糖、散包土糖、饴糖、甘露蜜等在北方均不可作为蜂群的越冬饲料。

2. 饲喂蛋白质饲料 花粉是蜂群自然食物中唯一的蛋白质来源。成年工蜂虽然在没有花粉、只有蜂蜜的情况下也能维持生命，但幼蜂的发育和幼虫的生长却离不开花粉。蜂群采集花粉主要用来调制蜂粮培育幼虫，据测定，蜂群培育 1 万只幼虫需耗蜂粮 1.2～1.5 千克。外界粉源不足，就会造成蜂王产卵减少和幼虫发育不良，严重影响蜜蜂群势的发展；此外，还会引起蜜蜂早衰及分泌王浆和蜂蜡的能力降低，因此，在蜂群繁殖期，如果外界粉源缺乏，就必须给蜂群补充花粉或其他蛋白质饲料。

饲喂蜂群的蛋白质饲料，最理想的就是贮备的花粉脾，其次是干花粉团。如果没有贮备的粉脾和干花粉团，只好饲喂花粉的代用品，目前使用的花粉代用品很多，例如酵母粉、脱脂大豆粉、豌豆粉等，都是高蛋白、低脂肪的食品。代用品主要根据天然花粉的营养成分配制而成。如果是补充花粉脾，则将它直接加到蜂群中的靠近子脾的外侧。喂蜂花粉或代用品则用蜜或糖浆浸泡，搅拌成面团状，然后搓成长条形饼放在框梁上饲喂蜂群。为了防止花粉饼干燥，可在花粉饼上方覆盖塑料纸。

3. 喂水 水是蜜蜂维持生命活动不可缺少的物质，蜂体的各种新陈代谢机能，都离不开水。蜜蜂食物中养料的分解、吸收、运送及其利用后剩下的废物排出体外，都需要依赖水的作用。此外，蜜蜂还用水来调节蜂巢内的温湿度，蜂群一到繁殖期，尤其是在盛夏期，需水量是相当惊人的，一个处于繁殖阶段的中等蜂群，每天需消耗约 250 毫升水，当蜂群从外界采不到花蜜时，就会有很多蜜蜂飞往水池或潮湿的土壤表面采水。如果蜜蜂在强风或低温的天气下飞出采水，就会造成大量死亡，若在不清洁的水源采水，还容易引起蜂病。因此，自早春起直至秋季，应不断地以净水饲喂蜂群。

喂水的方法，是在蜂场设置自动饲水器或辅有沙石的水盆，供蜜蜂飞往采水，在早春和晚秋，为防止采水蜂低温飞出造成冻失，可采取蜂门喂水的方法，即用一个小塑料袋盛满水，由袋口引出一个棉纱带，把袋口扎住，将其平放在踏板上，或用玻璃瓶装满净水后，放在巢门踏板上，并从瓶中引出一根棉纱带，让蜜蜂在湿润的棉纱带上吸水。夏季因蜜蜂需水量较大，可用框式饲喂器或空脾灌满净水后，放在隔板外侧，供蜜蜂食用。

4. 喂盐 无机盐是构成和更新机体组织、促进生理机能旺盛、帮助消化不可缺少的物质。蜜蜂缺乏无机盐会减轻体重和缩短寿命。蜂蜜中含有一定量的钙、钾、钠、磷、镁、硫等元素，因此以蜂蜜为食基本能满足蜂群对无机盐的需要。饲喂糖浆的蜂群如缺乏必需数量的无机盐，蜜蜂便会到厕所小便池、人的皮肤上采集尿渍和汗渍。给蜂群喂盐可以和喂水结合起来，在净水中加入 0.5% 粗海盐，或者在饲喂器的流水板上放置盐袋，也可以将喂盐和饲喂糖浆结合起来，即在 60% 浓度的糖浆中，每升加入磷酸氢二钾 500 毫克或硫酸镁 725 毫克，或粗海盐 500 毫克。

(六) 巢脾的修造和保存

蜂巢是由巢脾组成的，巢脾是蜂群繁殖后代、贮存粉蜜以及蜂在巢内活动的场所，蜂巢中巢脾数量和质量，会直接影响蜂群的繁殖速度、生产能力以及蜂群的活动，因而也就直接影响了养蜂生产。一个养蜂场应该贮备足够数量的优质巢脾，以便在蜂群的群势壮大时，适时加入巢脾、扩大蜂巢、促进蜂群的繁殖和蜂蜜生产。如果没有足够数量的巢脾，要培育强群和提高蜂产品的产量都是不可能的。蜂场需配备的巢脾数量，应根据饲养蜂群的规模、方式以及蜂种而定。饲养意大利蜜蜂，一般应按计划发展的蜂群数，每群配备 15～20 个巢脾。

新巢脾房壁薄，培育的工蜂体重，发育好，寿命长，采集力强，抗病能力强。巢脾每培育一代虫蛹后，巢房中都要留下一些茧衣和粪便，使巢房的房壁加厚，巢房容积缩小，巢脾颜色变深。旧巢脾培育的工蜂体小，发育不良，寿命短，采集力及抗逆力差。为了蜂群正常的繁殖，应该及时地淘汰老脾，修造新脾。一般来说，一个意蜂的巢脾最多使用3年，也就是每年至少应更换1/3的巢脾。转地饲养的蜂群，因花期连续，培育幼虫的代数多，每年可培育12~14代虫蛹，因而巢脾老化得更快，甚至需要年年更换新脾。中蜂对巢脾有喜新厌旧的特性，常啃咬旧脾，使巢内蜡渣堆积，滋生巢虫，所以饲养中蜂就应尽早更换旧脾。另外，雄蜂消耗饲料多，并且除了种用之外，没有别的作用。因此，雄蜂房过多、不整齐的巢脾也应及时淘汰。准备淘汰的巢脾，可逐渐移至边脾，等卵虫蛹都发育出房后，再移至隔板外侧，待蜜蜂把蜜搬空后，就可抽出化蜡。

养蜂离不开巢脾，但是造脾又需要一定的条件。早春蜂群繁殖，群势逐渐壮大，就需要优质巢脾扩巢，但在此季节，无论是天气还是蜂群状况，都不利于新脾的修造，这就需要事先贮备足够的优良巢脾。

1. 新脾的修造　优质新巢脾的修造，必须根据蜂群泌蜡造脾的特点以及所需要的条件来制定具体的技术措施，进行镶装巢础，加础造脾和相应的蜂群管理措施。

（1）蜂群泌蜡造脾的条件和特点　巢脾是蜂群用来贮存粉蜜和培育幼虫的场所，当巢脾的数量不能满足蜂群育虫和贮存粉蜜的需要时，蜂群才造脾积极。蜜蜂筑造巢脾的材料是蜂蜡，由蜡腺细胞比较发达的工蜂分泌，发达的蜡腺细胞将蜂蜜转化为蜂蜡。蜜蜂分泌蜡要消耗3~4倍的蜂蜜，因此，蜂群泌蜡造脾所需的条件包括外界气温稳定（一般要求在15~25℃）、蜜粉源丰富、蜂群大量采集粉蜜、巢内粉蜜充足、蜂群处于繁殖阶段、蜂王产卵力强、巢内子脾多、群势较强以及12~18日龄的泌蜡适龄工蜂数量多。

在同等条件下，不同状态的蜂群，造脾能力也有所不同，繁殖期的蜂群，当群势达到 6～8 框时，蜂群的增殖速度很快，有强烈的扩巢愿望，泌蜡造脾能力强。流蜜期群势 3～4 框的繁殖副群，由于外界条件好，蜂群增殖速度快，同时采集蜂少，内勤蜂较多，造脾积极性也很高。双王群的卵虫多，巢内容积相对小，蜂群需要扩巢，同时还由于双王蜂的分蜂期推迟，蜂群泌蜡造脾的积极性高。自然分蜂的分出群造脾能力最强，因为自然条件下，自然分蜂的分出群到了新的巢穴，都需立即造脾，以尽快恢复蜂群的正常生活。长期进化的结果，新分出的蜂群都有很强的造脾能力。新王群蜂王物质多、产卵力强、能够维持强群，造脾能力也强。分蜂热不强烈的蜂群，群势强壮，泌蜡适龄蜂多，因而造脾速度快，但是强群造脾易造雄蜂房。无王群、处女王群、弱群、囚王群、分蜂热强烈的蜂群，造脾能力较差。

综上所述，泌蜡能力强造脾积极的蜂群，其特点是蜂王质量好、产卵力高、控制分蜂能力强、巢内贮存粉蜜充足、卵虫多、急需扩巢，没有产生分蜂热。

（2）加础造脾方法　选用优质的巢础，按计划随装随用，要求巢础在巢框上平整牢固。从春天蜜源一出现就可向蜂群加础造脾，直到蜜源结束。春天一个 3～4 框的蜂群，抓住时期，积极造脾，一年能够造脾 20～30 个，并且还能分蜂 2～3 群。事实证明，适当地加础造脾，不会影响蜂群育虫繁殖或蜂蜜生产，而且蜂群繁殖可以促进巢脾的修造。快速修造优质的新巢脾，必须充分利用蜜粉源丰富的季节和积极创造蜂群内部的造脾条件。

在有粉蜜的季节，当蜂群内巢脾上出现一层新鲜的白蜡、框梁上有白蜡、蜂箱中出现赘脾、箱内有许多蜡鳞时，就可以在全场蜂群普遍造脾。一般情况下，每群一次加一个巢础框，加在子脾和粉蜜脾之间。强群流蜜期，每一次可加入 2～3 个巢础框。为了避免蜜蜂集团造脾时重力过大而使巢脾坠裂，应将巢础框与原有的巢脾交错排列。

处于增殖期的蜂群，双王蜂以及流蜜期3～4框的副群，都有一个共同特点：蜂群无分蜂热，群势并不很强，但内勤蜂较多，所以造脾积极，且不易造雄蜂房。造脾时，在上述蜂群中，每次一只蜂王加一个巢础框，等巢房加高到一半时，就可将这半成的巢脾移到蜂巢中间，供蜂王产卵，原来的巢框位置加入一个新的巢础框。直至蜂群的群势增长跟不上新脾的增加速度，或天气、蜜源条件变坏，再暂停造脾。

自然分蜂的分出群造脾能力最强，利用分出群修造新脾又快又好，无雄蜂房，能够连续造较多的优质巢脾。一个收捕回来的分蜂团，巢内除了放一张供蜂王产卵的半蜜脾之外，其余都用巢础框代替。巢础框的数量根据分蜂团的群势而定，每框蜜蜂加一个巢础框。然后缩小框距和巢门，奖励饲喂，这样一夜就可造成无雄蜂房的优质新脾，第二天可提出部分新脾再加入部分巢础框，重复利用，以增加造脾的数量。

强群泌蜡造脾的工蜂数量多，造脾速度快，可在流蜜期，每群一次插入2～3个巢础框同时造脾，但是强群易造雄蜂房，尤其是在大流蜜期，巢础框加在继箱中更容易造雄蜂房，在雄蜂蛹的生产中，修造雄蜂房巢脾，也正是利用了这个特点。为了利用强群造脾能力修造雄蜂房少的优质巢脾，可先把巢础加到群势比较小的新王繁殖群中先造，然后再转入强群完成，即让小群将巢础填造2～3毫米时，再由强群在此基础上继续完成。这样既可保证新脾少出现雄蜂巢房，又可充分利用强群快速造脾。

流蜜期若急需补充巢脾，可于傍晚把10框左右的新王群，留下蜂王和2～3个幼虫脾，其余巢脾全部脱蜂提出，子脾寄放在其他强群，当晚加入3～4个巢础框，和幼虫脾相间排放，同时饲喂1.5～2千克糖浆，一夜之间就能造出深浅不同的巢脾。第二天把造好的新脾抽出，再加入巢础框，继续大量饲喂，可以快速修造出一批优良巢脾。

为了加快造脾速度，应及时淘汰老劣旧脾和抽出多余的巢脾，以保证蜂群内蜂脾相称，或蜂略多于脾。利用造脾能力强的蜂群造脾，应注意及时将造好的巢脾抽调到其他蜂群。奖励饲喂能够促进蜂群造脾，奖励可在加巢础框之前，在巢础两面喷上蜜水或糖浆。还可以在巢础两面涂上一层薄薄的蜂蜡，这样能够使新蜡的气味刺激工蜂造脾，同时又为蜂群造脾补充了材料，达到了快速造脾的目的。加巢础框应避开气温较高的中午，以防巢础受热变形，傍晚加础还能利用蜂群夜间造脾，减轻白天的工作负担。

　　在新脾的修造过程中，需要检查1～2次，修造不到边角的新脾，应立即移到造脾能力强的蜂群去完成。如果巢础框两面或两端造脾速度不同，可将巢础框调头。发现脾面歪斜应及时推正，否则向内弯的部位会造出畸形的小巢房，而弯曲的外侧会造出雄蜂房。对有断裂、漏洞、翘曲、皱折等变形严重，质量很差的新脾，应及时取出淘汰，另加新础。造脾过程中，发现杂有雄蜂房或变形巢房，可用镊子将非工蜂房部分的房壁拔掉，让蜂群继续填造。

　　2. 巢脾的保存　　巢脾是重要的生产资料。从蜂群中抽出的巢脾，极易受潮生霉，或遭受老鼠和巢虫危害，并易引起盗蜂骚扰，因此必须及时加以妥善保管。刚摇出蜜的空脾，一定要放回巢箱隔板外或继箱里，让蜜蜂将残余蜜汁舐吸干净后，才能收存。巢脾应当保存在干燥清洁的地方，其楼上、楼下及邻室，都不能贮藏农药，避免造成蜂群中毒。另一方面，巢脾也要进行熏蒸消毒，因此也不宜靠近卧室或生活区。

　　巢脾贮藏前，要用起刮刀刮净巢框上面的蜂胶、蜡瘤、下痢的污迹及霉点等，然后分类贮存，箱外加以标注，以便以后选用。巢脾的分类，基本上可分为蜜脾、粉脾和空脾三类，而空脾又可按色泽深浅分类。

　　清理好的巢脾，应保存在鼠类、蜡螟及蜜蜂不能到达的地方，最好藏在特制能密闭熏蒸的大橱里。大规模的蜂场，可以设立巢脾贮藏室。一般养蜂场有足够的继箱，即是保存巢脾现成的设备，但要预先彻底洗刷干净。蜡螟和巢虫在 10℃以下就不活动，所以有的地区，在冬季可暂免熏蒸。熏蒸巢脾的药品，常用的有二硫化碳和硫黄粉两种。

二硫化碳是一种无色、透明、略有特殊气味的液体，密度 1.263，常温下易气化。气态下比空气重、容易起火，有毒，使用时避免接近火源或吸入。熏蒸时可叠加六层继箱，上下加盖。如非木质地板，应适当垫高防潮。每层继箱排脾 10 框，顶上继箱仅排 8 框，中央空出两框位置，以便放药。一切缝隙均需用纸条糊封。准备好后，人立上风处，以量筒量好药液，装入杯、碟或广口瓶，立即放入箱中，加盖封严。如果一次成批熏蒸数叠，应从下风处开始，人渐往上风向退。此气能杀死蜡螟的卵、幼虫、蛹和成虫，所以经一次彻底处理后，便能解决问题，除非以后外面巢虫重新侵入。二硫化碳的用量，按每立方米容积 30 毫升计算，即每个继箱的用量，约合 1.5 毫升。考虑到不可能绝对密封，实际用量应酌加一倍左右。

如用硫黄粉熏蒸，应备一个有窗的空巢箱作为底箱，上面叠加五层继箱。第一层继箱仅排列六框巢脾，分置两侧，空出中央的四框位置，以免熏蒸时巢脾熔化失火，其上四层各排脾 10 框。底箱上放一块瓦片，上加火炭数小块。从窗口撒入硫黄粉后，就会立即燃烧，产生二氧化硫气体，达到熏蒸杀虫的目的。燃烧其间应通过窗口观察，直至硫黄烧尽，炭火熄灭为止。硫黄熏脾，易发生失火事故，切勿大意。二氧化硫气体具有强烈刺激性，有毒，工作时应避免吸入。硫黄粉的用量，按每立方米 50 克计算，每个继箱约合 2.5 克。考虑到不可能绝对密封，实际用量也应酌加 1 倍左右。由于二氧化硫气体熏脾一般只能杀死蜡螟的成虫和幼虫，不能杀死卵和蛹，因此过 10～15 天要熏第二遍，再过 15～20 天后，要熏第三遍。这样，以后羽化出来的蛾和新孵化出来的幼虫，才能全部杀死。

熏蒸过的巢脾，应取出通风，通常经一昼夜，待完全无药味后，才能使用。

病蜂用过的巢脾，要做好标记，单独存放，并经严格消毒后，方能继续使用。

（七）蜂群的合并

蜂群的合并就是把两个或两个以上蜂群的蜜蜂合并为一群的饲养管理操作方法。实践证明，饲养强群是夺取高产、稳产的重要保证，而弱群是造成低产、歉收的根源。因此，任何一个生产蜂场，都要坚持常年饲养强群，凡是不值得保留的弱群，应立即进行合并。早春合并弱群，能加速繁殖；晚秋合并弱群，可保障安全越冬；主要流蜜期将几个弱群的采集蜂合并起来，可组成一定数量的强大采蜜群；在断蜜期合并弱群，可有效地预防盗蜂危害。

在养蜂生产上，不但弱群要进行合并，而且当有的蜂群丧失了蜂王，又无法补充储备蜂王或成熟王台时，也必须将其并入它群。另外，王浆生产中，有时也需合并蜂群组织产浆群。

1. 合并蜂群的生物学基础 蜜蜂是以群体为单位的社会性昆虫，不同的蜂群通常具有不同的气味，蜜蜂能凭借灵敏的嗅觉器官，辨别出本群或它群的成员，警惕地守卫着自己的蜂巢，防止异群的蜜蜂窜入。由于蜂群的气味，是由群体的气味加上采来的花蜜、花粉的气味综合而成的，所以，不同蜂群的独特气味，只有在外界缺乏蜜源或有多种蜜源供蜜蜂采集的情况下，才明显地表现出来。各个蜂群辨别它群的能力，也就是在这样的环境条件下，才大大增强。如果各个蜂群都采集同一种主要蜜源时，这种独特的群味就会随之消失，各蜂群的蜜蜂也就可以窜到邻近的蜂群中去。欲使合并蜂群获得成功，就必须根据蜜蜂上述特性，采取妥善的方法进行处理。

2. 合并蜂群的方法　合并蜂群有直接合并和间接合并两种方法，应视具体情况灵活运用。

直接合并法，适用于刚搬出越冬室而未经爽身飞翔的蜂群，以及处于流蜜期中的蜂群。操作的方法是，将其中一群蜜蜂，调整到蜂箱内的一侧，再将另一群蜜蜂，带脾放到蜂箱内的另一侧，两部分蜜蜂间，隔一框距离，或以隔板暂时隔开（蜜蜂可以从隔板下方通过）。次日，两群的群味混同后，即可将两侧的巢脾靠拢，抽出多余的巢脾，将蜜蜂抖入箱内，盖好箱盖，合并就此成功。直接合并时，如向蜂体上喷一些稀薄蜜水，或在箱底滴二三滴香精油，以混同群味，更能达到安全合并的目的。

间接合并法，适用于非流蜜期的蜂群，以及失王过久、巢内老蜂多而子脾少的蜂群。合并时，先将其中的一群置于巢箱中，在巢箱上盖一张钻有许多小孔的报纸，然后将另一群放入继箱内，叠在巢箱上。不久，蜜蜂就将报纸咬透，开始上下交流，群味就混同了。如用铁纱副盖代替钻孔的报纸，将上、下两群隔开半天至一天，然后再抽掉铁纱副盖，也能收到同样的效果。

3. 蜂群合并前的准备及应注意的问题

（1）合并的蜂群巢位相近　蜜蜂具有很强的认巢能力，将两群或几群蜂合并起来以后，由于蜂箱位置的变迁，有的蜜蜂仍要飞回原址寻巢，造成混乱。为了避免这种现象发生，应以相邻的蜂群合并为好。如果需要将两个相距较远的蜂群合并，应在合并之前，先逐渐移近箱位，然后再进行合并。

（2）除王毁台　要合并的蜂群，如果均有蜂王存在，除了保留一只品质较好的蜂王之外，其他要合并蜂群中的蜂王应在合并前 1～2 天去除。在蜂群合并的前半天，还应彻底检查毁弃无王群中的改造王台。

（3）保护蜂王　蜂群合并往往会发生围王现象，为了保证蜂群合并时蜂王的安全，应将蜂王暂时关入蜂王诱入器内保护起来，待蜂群合并成功后，再释放蜂王。

（4）补加幼虫脾　对失王已久、巢内老蜂多、子脾少的蜂群，在合并之前应先补给1～2框未封盖子脾，然后再进行合并。

（5）蜂群合并原则　如果要合并的蜂群一强一弱，应将弱群并入强群；如果有王群与无王群合并，应将无王群并入有王群。

（6）蜂王合并的时间选择　为避免盗蜂和胡蜂的骚扰，蜂群合并应在蜜蜂停止巢外活动的傍晚或夜间进行，此时的蜜蜂已全部归巢，蜂群的警惕性也有所放松。

（八）蜂群的调整

由于蜂王产卵力的差异以及病敌害、失王偏集等因素影响，蜂群繁殖速度有快有慢，全场的蜂群群势也不一样。有时全场蜂群的群势不平衡，会不利蜂群的饲养管理。例如，在繁殖期，蜂群的群势过强，因哺育力过剩而浪费蜂群的繁殖力，甚至还能产生分蜂热，消耗的饲料也多；而群势过弱的蜂群，却因哺育力和保温不足而繁殖不起来。在养蜂生产上，有时也需要削弱一部分蜂群的群势，而同时加强另一部分蜂群群势。例如，在流蜜期之前，为了兼顾蜂群的生产和繁殖，可以把两个中等群势的蜂群，组织调整成一个作为采蜜主群的强群，和一个作为繁殖副群的弱群。在蜂群的饲养管理中，经常需要对蜂脾进行调整。

1. 蜂的调整　蜂的调整困难比较大，因为各蜂群之间的气味不同，除了雄蜂和幼蜂之外，蜜蜂进入它群就会引起斗杀。此外，蜜蜂还具有很强的认巢能力，不采取措施，调整到他群后的蜜蜂，还会返回原巢。蜂的调整，根据外界条件，以及蜂群的内部情况，有以下几种方法。

（1）采集蜂的调整　流蜜期之前，事先组织好生产的主副群，把一强一弱的主副群并列放在一起。流蜜期到来时，可把副群移走，放置到同场别的地方，这样副群的采集蜂出巢采集后，就会飞回原巢址，进入主群中。这样副群的采集蜂便调整到主群，加强了主群的采集力。

（2）幼蜂的调整 可以提幼蜂较多的巢脾，或者已有部分幼蜂出房的封盖子脾，轻轻地抖动几下，使壮老蜂飞回原巢，把留下的幼蜂连巢脾合并到需加强的蜂群中。

（3）有蜜粉源季节的群势调整 外界蜜粉源比较丰富，可将蜂群中带蜂脾提出，但是注意此脾不能有蜂王，直接加到另一群中的巢脾外侧，并留出一个脾的空位置，或放一块隔板。

2. 巢脾的调整 如果不带蜂调整巢脾比较容易，随时都可以根据需要把巢脾上的蜂抖掉，加入到其他的蜂群。在养蜂生产实践中，经常采用调整巢脾的方式来调整蜂群的饲料、子脾和群势。在调整巢脾的过程中，要防止病、虫、敌害的传染和扩散，不能从有病、螨害严重的蜂群中抽调巢脾。

3. 蜂巢的调整 调整蜂巢，就是合理地调换蜂群内部的巢脾位置。其目的是使蜂群加快繁殖速度，提高蜂产品的质量。

蜂巢中心的温度最稳定，蜜蜂通常都能调节控制在33～35℃，所以蜂王都从蜂巢中开始产卵，然后再向外扩展。为了使蜂王所产的卵能在稳定的温度下孵化，当蜂群繁殖度过恢复期后，就应该将中间的封盖子脾向外移动，同时把大部分出房的封盖子脾或空脾调入蜂巢中间供蜂王产卵，等中间的巢脾产满卵后，再调空脾到巢中间，始终保持蜂王在巢中心产卵。在巢脾的排列上，应保持产卵脾在正中，两侧依次是小幼虫、大幼虫、封盖子、粉蜜脾。

用郎氏标准箱饲养蜜蜂，当群势繁殖到满箱以后，加上平面隔王板可叠加继箱，然后把封盖子脾提到继箱，减少蜂箱中散发的热量，封盖子出房后，空脾可供蜂群贮蜜。第一次进行王浆生产，或者非强群产浆，产浆框两侧应排放小幼虫脾。

（九）人工分群

人工分群，就是人为地从一个或几个蜂群中，抽出部分蜜蜂、子脾和蜜脾，组成一个新分群。人工分群是饲养管理中增加蜂群数量的重要手段，也是防止自然分蜂的一项有效措施。人工分群通常有单群平分和混合分群。无论采取什么方法，都要在蜂群强壮的前提下进行，如果以弱群分群，则会愈分愈弱，结果是徒劳无功，得不偿失。

1. 单群平分　单群平分，就是把一个原群，按等量的蜜蜂、子脾和粉蜜脾分成两群，其中一个保留原有的蜂王，另一群则需诱入一只产卵蜂王。这种方法的优点是：分开后的两个新分群，都是由各龄蜂及各龄子组成，不至于破坏蜂群正常活动和工作，日后新分群的群势增长也比较快。其缺点是一个强群突然分成两个较小的蜂群，会使蜂群生产力明显降低。因此，单箱平分只能在主要蜜源流蜜期开始的45天之前进行。

操作时，先将原群的蜂箱向一侧移出一箱的距离，在原蜂箱位置的另一侧，放好一个空蜂箱，再从原群中提出大约一半的蜜蜂、子脾和粉蜜脾，置于空箱内，次日再给没有王的新分蜂群诱入一只产卵王。分群后如果有偏集现象，可以将蜂多的一箱向外移出一些，稍远离原群巢位，或将蜂少的一群向里靠一些，以调整两个新分群的蜂量。

采用单群平分，不宜介入王台。因为介入王台后，新王出台、交尾、产卵，还需10天左右，在这段时间内，新分群的哺育力得不到充分的发挥，将影响蜂群的发展。万一新王交尾不成功或意外死亡，损失就会更大。

2. 混合分群　利用若干个强群中一些带蜂的成熟封盖子脾，搭配在一起组成新分群，这种人工分群的方法就叫混合分群。实践证明，利用强群中多余的蜜蜂和成熟子脾，并给以产卵王或成熟王台组成新分群，在任何情况下，分群后的蜂群都比不分群的原群所培育的蜜蜂数量要多，产蜜量也至少增加三分之一以上。这是因为，混合分群可以从根本上解决分群和采蜜的矛盾。从强壮的蜂群中，抽出一部分带蜂成熟的子脾，既不影响原群的繁殖，又可改善原群蜂巢中的环境条件，防止分蜂热的产生，使原群始终处于积极的工作状态。同时，由强群中多余的蜜蜂和成熟的封盖子所组成的新分群，到主要流蜜期，可以使蜂场得到为数众多的采蜜群。但是混合分群容易扩散蜂病，因此，只有当蜂没有任何传染病时，才可以采取这种分群方法。

为了有计划地进行混合分群，应从早春开始，就给蜂群创造良好的发展条件，如加强饲喂和保温，适时扩巢等，促使蜂群很快地壮大起来。等到蜂群有 2 千克以上的蜜蜂和 7 框以上的子脾，开始积累多余的幼蜂时，即可从这些蜂群中各抽 1～2 框带蜂的成熟子脾，混合组成 4～6 框带蜂子脾的新分群，一天以后，再给新分群诱入一只产卵王或成熟的王台。

进行混合分群时，为了防止新分群的外勤蜂返回原巢，使子脾受冻，可在分群后将新分群迁到 5 千米以外的地方，或者放入带蜂的成熟子脾后，另外再抖入 2～3 框虫卵脾上的蜜蜂。巢门要用纸或草暂时塞上，让蜜蜂自己咬开，到次日还应检查一次新蜂群，对蜂量不足的，还要随时进行补充。新分群组成之后，为了帮助新分群的发展壮大，可陆续补给 2～3 框脱了蜂的成熟子脾。

（十）自然分蜂群的控制和处理

蜂群在繁殖和采蜜季节，当中蜂群势发展超过 3～4 框子脾，意蜂发展超过 6～7 框子脾后，就会出现分蜂的现象。蜂群的自然分蜂，必须经历建造雄蜂房、培育雄蜂、建造台基、迫使蜂王在台基产卵、培育蜂王等过程。在新王出台前，蜂群原来的蜂王和一半以上的蜜蜂飞离原巢另寻新居。自然分蜂是蜜蜂群体自然增殖的唯一方式，对蜜蜂种群的繁荣和分布区域扩大，具有非常重要的意义。但是，养蜂生产的高产稳产，是以强群为基础，而分蜂能使蜂群群势大幅度下降，特别是在主要蜜源花期，发生分蜂就会大大影响产蜜量。此外，蜂群在准备分蜂的过程中，当王台封盖以后，工蜂就会减少对蜂王的饲喂，迫使蜂王卵巢收缩，产卵力下降，甚至停卵。与此同时蜂群也减少了采集和造脾活动，整个蜂群呈"怠工"状态，这种现象在蜂群饲养管理中称为分蜂热。产生分蜂热的蜂群既影响蜂群的繁殖，又影响蜂群的生产。所以，在养蜂生产上，控制蜂群出现分蜂热，是极其重要的。

1. 控制分蜂热的蜂群管理措施 促使蜂群发生分蜂热的因素很多，其主要原因就是蜂群中的蜂王物质不足，哺育力过剩以及巢内外环境温度过高。控制和消除分蜂热就应该根据蜂群自然分蜂的生物学规律，在不同阶段采取相应的综合管理措施，才能消除消极因素。如果一直坚持采取破坏王台的简单生硬方法来压制分蜂，特别是中蜂，常会导致工蜂长期怠工，并影响蜂王产卵和蜂群的繁殖，其结果既采不到蜜，群势又大大削弱。所以，控制分蜂热不宜单独采用此法。控制自然分蜂的最根本方法，就是在蜂群繁殖的中后期，产生分蜂热之前，对蜂群采取综合的管理措施，其具体措施有以下几点。

（1）选育良种 同一蜂种的不同蜂群控制分蜂的能力也有所不同，并且蜂群控制分蜂能力的性状具有很强的遗传力。因此，在蜂群换王过程中，应注意选择能维持强群的高产蜂群作为强群，进行移虫育王，不能随便利用自然分蜂王台换王。此外还应注意及时割除分蜂性强的蜂群中的雄蜂房，同时保持能维持强群的蜂群中的雄蜂，这样就可以培育出能维持强群的蜂王。

（2）更换新王 新蜂王释放的蜂王物质多，因此控制分蜂能力强，一般来说，新王群很少发生分蜂。新王群的卵虫多既能加快蜂群的繁殖速度，又使蜂群具有一定的哺育负担，所以，在蜂群的繁殖期应尽量提早换新王。

（3）调整蜂群 蜂群的哺育力过剩也是产生分蜂热的主要原因。繁殖期保持强群，不但对发挥工蜂的哺育力不利，而且还容易促使分蜂，增加管理上的麻烦，此外还增加了蜂群的饲料消耗。因此，在繁殖期，应适当地控制蜂群的群势，视各地的季节不同，保持中等群势为宜，控制群势的方法，一种是抽出强群的封盖子脾补给弱群，同时抽出弱群的卵虫脾加到强群中，这样既可降低强群中潜在的哺育力，又可加速弱群的群势发展。另一种方法是进行适当的人工分群。

（4）改善巢内环境　巢内拥挤闷热也能促使分蜂，所以在繁殖季节，当外界气候稳定，蜂群的群势较强时，就应及时进行扩巢、通风、遮阳、降温，以改善巢内环境。

（5）生产王浆　蜂群的群势壮大以后，连续进行王浆生产，加重蜂群的哺育负担，充分利用工蜂的哺育力，这是避免分蜂的一项非常有效的措施。

（6）组织双王群饲养　利用当年培育出来的产卵新王组织双王群。由于蜂群中有两个新王，蜂群内蜂王物质多，控制分蜂能力就强，因此能够延缓分蜂热的发生，维持群势也就比较强。并且双王群中的卵虫多，能够充分利用工蜂的哺育力，培养更多的幼虫，也是双王群不易分蜂的原因。

另外，多箱体饲养、繁殖期的主副群饲养、割除雄蜂、多造新脾、毁弃王台、蜂王剪翅、尽早取蜜等，都有利于控制分蜂。

2. 解除蜂群分蜂热的方法　如果由于各种原因，所采取的控制分蜂热的措施无效，群内王台封盖，蜂王腹部收缩，产卵几乎停止，分蜂即将发生时，应根据具体情况，因势利导采取解除分蜂热的措施。

（1）人工分群　当活框饲养的强群发生分蜂热后，采用人工分群的方法是一项解除分蜂热的有效措施，不同蜂种，采用人工分群的方法不一样。

对于意大利蜜蜂，当蜂群中的自然分蜂王台封盖后，可将老王及带蜂的成熟封盖子和蜜蜂各一框抽出来，用蜂箱组成新分群，并加入空脾一框，供老王产卵。在原群中介入或选留一个大型、端正、成熟的王台，其余的王台毁除，等新王交尾产卵后，组织成采蜜群。

对于中华蜜蜂，当群内王台封盖、强烈的分蜂热已形成时，采用毁台压制的办法是无益的。可将原群的老王和所有的卵虫脾留下，尽毁卵虫脾上的王台，加空脾或巢础框，让蜂王继续产卵。其余的带蜂巢脾，只留下一个成熟王台组成新群。新王交尾后，可组织成采蜜群。

（2）调整子脾　把发生分蜂热的蜂群中所有的封盖子脾都全部脱蜂提出，补给弱群。再从弱群、新分群、双王群抽出卵虫脾加入该群，加重蜂群的哺育负担，以此消耗分蜂热蜂群的过剩哺育力。它的不足之处是哺育负担过重，影响蜂蜜生产。

（3）互换箱位　流蜜期蜂群发生分蜂热，可以把有分蜂热的蜂群与新分群互换箱位，使强群的采集蜂进入新分群。闹分蜂的强群，由于失去大量的采集蜂，群势下降，迫使一部分内勤蜂参加采集活动，因而分蜂热消除。新分群补充了大量的外勤蜂，群势增强，再适当地加脾，也可以成为采蜜群。

（4）模拟分蜂　把出现分蜂热蜂群的副盖掀开，放于巢前，将全部巢脾上的蜜蜂，都提出抖落在巢前的副盖上，使蜂王和工蜂经过一番骚乱之后爬入蜂箱，将蜂群中的卵虫脾留下，把封盖子脾和蜜粉脾抽出补充其他蜂群，并加入空脾，彻底改变蜂巢内部的状况。

（5）空脾取蜜　流蜜期已开始，蜂群中出现比较严重的分蜂热，可将子脾全部提出，加入空脾，使蜂群所有工蜂全部投入到采酿蜂蜜的活动中，以此减弱或解除分蜂热。它不但能解除分蜂热，还能提高蜂蜜产量50%。空脾取蜜不足是后继无蜂，对群势发展有很大影响。

（6）提出蜂王　当大流蜜期马上就要到来，蜂群发生不可抑制的分蜂热时，为了确保当季蜂蜜的高产，可将蜂王和带蜂的子脾、蜜脾各一框提出，另组一群，或者干脆去除蜂王。然后将蜂群内所有的封盖王台都毁弃，保留所有的未封盖台。过足7天，除了选留一个成熟王台之外，其余的应全部毁掉。这样处理的蜂群没有条件分蜂，大流蜜期到来，由于巢内哺育负担轻，蜂群便可大量投入采集活动，流蜜期过后，新王也开始产卵。

3. 分蜂团的收捕　自然分蜂飞出的蜜蜂，会暂时结团于附近的树干或建筑物上，然后再飞到远处的新地点营巢。因此，必须及时收捕蜂团，以免飞失。

对于西方蜜蜂，由于蜂性比较稳定，其分蜂团可采用以下简单的方法进行收捕。如果自然分蜂刚开始，蜂王尚未离开蜂巢，要及时关闭巢门，然后打开箱盖，从纱盖上往蜂巢内洒水，等蜜蜂安定后再开箱检查，并用诱入器把蜂王扣在巢脾上，毁掉巢脾上的王台。然后在原群旁边放一空蜂箱，把扣着蜂王的巢脾放入空箱内，从原群再提入一个未封盖子脾，一个蜜脾和几个空脾，组成一个临时蜂群。等蜂王恢复产卵二三天后，再将临时蜂群并入原群。在并入前，一定要将原群内的王台毁尽。如果蜂王已经飞出蜂巢，应在结团以后抓紧收捕。根据蜂团大小，先准备一个空蜂箱，里面放一个卵虫脾，适量空脾及巢础框。收捕蜂团，可采用巢脾引诱、剪下树枝或振落等方法。当蜂团结在粗大的树干、墙头或篱笆上时，应以带蜜的子脾引诱，将巢脾贴近蜂团，促使结团的蜜蜂陆续爬上巢脾。引蜂时，要注意检查蜂王是否上脾，只要收回蜂王，剩余的蜜蜂会自动回巢。如果蜂团结于较细的树枝上，可将树枝剪断，置于准备好的蜂箱中。倘若蜂团集于高大树木的枝条上，可以用一捕虫网或纤维袋用铁环支起，最后用一根长杆连接住，放在蜂团下面，再用另一根杆用力振动树枝，使蜂团落入网中或袋中，再倒入蜂箱中。

至于中蜂，其蜂性接近于野生状态，蜂性活跃，收捕蜂团的方法和用具，与意蜂有所不同。中蜂的收捕方法，可同样用于意蜂；而常用于意蜂的方法，却不适用于中蜂。

中蜂常用收蜂笼进行收捕。收蜂笼是用竹篾编成的，口径约25厘米，高约32厘米，内层铺竹叶，外层铺棕皮，使收蜂笼的壁既能透气，又不透光，使用前，宜在笼内绑上一块老脾或涂上蜂王外激素的浸出液。当自然分蜂群集团以后，先将收蜂笼挑套在蜂团上方，笼的内缘必须接靠蜂团。然后，利用蜜蜂的向上性，以淡烟或软帚驱蜂上移，并以蜂刷或鹅羽顺势催蜂入笼。待蜂团入笼后，轻稳地将笼取下，用塑料窗纱或帐纱封住笼口，暂挂在凉爽的荫处。当蜂箱布置好后，就可将蜂笼中的蜂团振落在蜂箱中，然后迅速盖好箱盖。为了防止蜂群不上脾，而在蜂箱的空处结团造脾，可事先在蜂箱的空余处用稻草塞满。

4. 自然分蜂群的处理　自然分蜂发生后，原群应及时检查处理，除了保留一个较好的王台之外，其余王台全部毁除。适当地提出空脾，加进由弱群或新分群提出的卵虫脾，增加哺育蜂的工作量，彻底解除分蜂热。

收捕回来的分蜂团，可按新分蜂进行管理。

（十一）蜂王和王台的诱入

给蜂群更换不同品种或老劣的蜂王，以及给新分群和失王群补充蜂王或王台时，都必须掌握安全诱入蜂王或王台的方法。如果不顾蜂群的内外条件，也不采取可靠的措施，轻率地将陌生的蜂王或王台放进蜂群中去，则往往会发生工蜂围杀蜂王或咬掉王台的现象。因此，这是管理蜂群不可忽视的问题。

诱入蜂王的方法，分间接诱入和直接诱入两种。无论采取什么方法，都要根据当时蜂群和外界的情况，做好诱入蜂王前的准备工作。如给蜂群更换蜂王，要提前半天至一天，将拟淘汰的蜂王从巢内捉出；若给无王群诱入蜂王时，要将巢脾上出现的自然王台或改造王台统统毁除；若给强群诱入蜂王时，最好先将蜂群迁出原址，使部分老蜂从原巢分离出去。在断蜜期诱入蜂王，应提前二三天用蜂蜜或糖浆连续对蜂群进行饲喂。

1. 蜂王的间接诱入法　所谓间接诱入法，是把蜂王暂时关进容器内，放到蜂群中，经过一段时间再将其释放出来。此法成功率较高，一般不会发生围王现象。当给蜂群诱入贵重蜂王、异品种蜂王、处女王及对失王已久的蜂群诱入蜂王时，宜采用这种方法。

间接诱入蜂王常用的工具有全框诱入器、扣脾诱入器和密勒氏诱入器。这些诱入器的共同特点是蜂王和工蜂被铁纱隔开，蜂王不被工蜂围杀。如果引入蜂王一段时间后，提脾观察，如发现较多的蜜蜂紧聚在诱入器上，甚至有的还用上颚咬着铁纱，说明蜂王尚未被接受，需继续将蜂王扣一段时间；如诱入器上的蜜蜂已经散开，或看到有的蜜蜂将吻伸进诱入器饲喂蜂王，则表示蜂王已被接受，即可放出蜂王。从诱入器内释放蜂王时，为确保其安全，最好用稀薄蜜水喷一喷蜂王所在巢脾。

2. 蜂王的直接诱入法　在蜜源丰盛的季节里，无王群对外来的产卵蜂王比较容易接受，可以采取直接诱入的方法。于傍晚，将蜂王喷以少量蜜水，轻轻地放到框顶上或巢门口，让其爬上巢脾。或者从交尾群里提出一框连蜂带王的巢脾，放到无王群隔板外侧约一框距离的箱内，经一二天后，再调整到隔板里面。

3. 被围蜂王的解救　对诱入蜂王不久的蜂群，要尽量减少开箱检查，以免惊扰蜂群增加围王因素。如果需要了解蜂王是否被围，可先在箱外观察，当看到蜜蜂采集正常，巢口又无死蜂或小蜂球，表明蜂王没有被围。若情况反常，就需立即开箱检查。如果发现蜜蜂结球，说明蜂王已被围困其中，应迅速解救，以免将蜂王围死造成损失。解救蜂王不能用手捏住工蜂强行拖拉，避免损伤蜂王。解救蜂王可立即把蜂球用手取出投入到温水中，或向蜂球喷洒蜜水或烟雾等驱散蜂球上的工蜂，或把围王工蜂的注意力吸引到吸食蜂蜜上来。

解救出来的蜂王，应仔细检查。如果蜂王伤势严重，则不必保留。如果蜂王肢体无损，行动正常，可关进诱入器中再放入蜂群；直至被蜂群接受后再释放出来。

4. 王台的诱入　在进行人工分解、组织交尾群以及蜂群失王而又没有蜂王补充等情况下，就需要给蜂群诱入成熟王台。给蜂群诱入王台，也必须先使群内无王无台。诱入的王台应是封盖后 6～7 天的老熟王台。如果诱入王台过早，王台内的王蛹发育未成熟，比较娇嫩，容易冻伤和损伤。如果过迟诱入王台，处女王有可能出台，使蜂群发生问题。在诱台的过程中，应始终保持王台的端部垂直向下，切勿使王台倒置或横放，同时还应注意尽量减少王台的振动。

诱入王台的蜂群群势较弱，可在子脾中间的位置，用手指压倒一些巢房，然后使王台保持端部朝下的垂直状态，紧贴在压倒巢房的部位，牢稳地嵌在凹处。如果群势较强，可直接夹在两个巢脾梁之间。

在给群势稍强的蜂群诱入王台时，王台诱入后常遭破坏。为了保护王台，可用铁丝绕成弹簧形的王台保护圈加以保护。王台圈的上口径 18 毫米。长约 35 毫米。使用时，先将成熟的王台取下，垂直地放入保护圈内，王台端部顶在此圈下口，上底用小铁片封住。然后放在两个子脾之间，将王台保护圈的基部铁丝插入一个子脾的中心，并调整两个巢脾的距离。在生产实践中，也可以用香烟盒中的锡箔代替王台保护圈，即用锡箔围住王台的侧面和上端，仅露出王台的小端。

（十二）盗蜂的防止

盗蜂是指进入其他蜂群的巢中搬取贮蜜的外勤工蜂。盗蜂产生的最根本原因是外界粉蜜源不足。在流蜜末期，或突然中止流蜜，或蜂群密度过大造成蜜源不足，以及蜂群巢内贮蜜不足等情况，蜂群有着强烈的采集愿望，而外界又无蜜可采集，盗蜂更容易发生。盗群作盗范围，多发生于本蜂场内。如果蜂场之间距离过近，以及相邻蜂场的蜂群群势相差悬殊，也可能引起蜂场间的盗蜂。在主观上，盗蜂发生一般都是因管理不善造成的。例如，蜂场周围暴露有蜜、蜡、糖、脾，蜂箱破旧，开箱不当，饲喂蜂群不合理等因素都能诱发盗蜂的发生。如果蜂场发生盗蜂，首先受害的是防御能力较差的弱群、无王群、交尾群和病群。盗蜂对蜂群的正常饲养管理影响非常大，所以，必须认清盗蜂的危害，采取防止盗蜂的有效措施，避免和控制盗蜂。

1. 盗蜂的危害　蜂场里一旦发生盗蜂，轻者受害群的贮蜜被盗窃一空，重者造成工蜂大量伤亡和蜂王遭到围杀。被盗群的贮蜜被盗，群内贮蜜缺乏，会出现"拔子"现象，同时蜂王产卵力也下降，影响蜂群的繁殖。若发现不及时，易造成中蜂逃群和意蜂整群饿死。盗蜂发生后，制止不及时，会使盗蜂越来越严重，发展到全场互盗，最终能使全场的蜂群毁灭，给养蜂生产造成无法弥补的惨重损失。因此，防止盗蜂是蜂群管理上极其重要的一项措施。

2. 盗蜂的识别　盗蜂的显著特征，是身体油光发黑，飞翔迅速且翅音尖锐，作盗群比一般蜂群出勤早而收工晚。遭盗蜂攻击的蜂群，往往蜂巢周围秩序混乱，有一些举止慌张的蜜蜂徘徊游荡于巢门或蜂箱前后，伺机从巢门或继箱等处进入巢内。同时，由巢内钻出的部分蜜蜂，腹部显得充胀，起飞时先急促地下垂后，再飞向空中。蜂巢周围的地面上，出现抱团厮杀的工蜂，并有不少腹部勾起的死蜂。

追踪作盗群的方法，是在被盗群的巢门附近，撒一些甘薯粉或滑石粉，然后巡视各群动态，若发现身上沾有白粉末的蜜蜂飞入某一巢内，即可断定该蜂群是作盗群。

3. 盗蜂的预防　对于盗蜂，重在预防。只要措施得力，盗蜂是可以避免的。要想少发生或不发生盗蜂，关键在于选择蜜源丰富的地方养蜂，并坚持常年饲养强群。此外，当外界蜜源将尽时，要抓紧合并弱群和无王群，并抽脾紧脾，留足饲料，缩小巢门，填补蜂箱缝隙。在断蜜期，白天不可开箱查蜂，也不可对蜂群进行饲喂或采用芳香药物防治蜂螨。蜂蜜、蜂蜡及巢脾，切勿在室外乱放，而要随时入库保管。同一场地不宜兼养中蜂和西方蜂种，必须向另外的场地迁出其一。

4. 盗蜂的制止　发生盗蜂后应及时地处理，所采取的具体止盗方法，应根据盗蜂发生的程度来确定。一旦出现少量盗蜂，应立即缩小被盗群的巢门，并在巢门口放置盗蜂防御器造成曲折进口，或涂些石炭酸，煤油等驱避剂。当这些方法制止无效时，应将作盗群的蜂王临时取出，使其造成不安而消除盗性。或者在被盗群的巢门上，倒装一个脱蜂器，使盗蜂只能进而不能出，等到傍晚再将被盗群移到2～3千米以外的地方，使潜入被盗群的盗蜂，无法再重返作盗群。与此同时，在被盗群的原址上，放一空蜂箱，箱内放一把艾草或浸有石炭酸的碎布片，对盗蜂产生忌避的条件反射，以防止其余盗蜂再飞来作祟。再有一种处理方法，是将作盗群迁走，原址放一空蜂箱，内盛空脾数框，收集飞回的蜜蜂，由于蜂巢环境的改变，使作盗群的盗性消失。这时可撤走空箱，将作盗群迁回。如果盗蜂十分猖獗，蜂群已经大部分受害，则应立即迁移场址。

（十三）蜂群偏集的预防和处理

由于受环境和人为因素的影响，蜂群经常出现外勤工蜂偏集的现象。偏集的结果必然导致一部分蜂群过强，一部分蜂群又过弱。蜂群的群势过强，在繁殖期容易促使分蜂，在转地途中容易闷热造成蜂群死亡；蜂群的群势过弱，会影响蜂群的保温、繁殖、生产以及对病敌害的抵抗能力。全场蜂群的群势相差悬殊，还容易引发盗蜂。所以，在蜂群的饲养管理中，应注意防止出现蜂群偏集。

1. 蜂群偏集的原因和特点　蜂群偏集的主要原因，是因外勤工蜂迷巢所引起的。如场地改变、蜂群排列拥挤、更换蜂箱等。蜂群偏集的特点是，向上风向、地势高处、蜂群飞翔活动中心、光亮处及产卵力强的蜂王所在蜂群方向偏集。

（1）风向偏集　蜜蜂有顶风挺进，偏入上风头蜂巢的特性。这一偏集现象无论是在新场址还是在原蜂场，风力超过3级便会有不同程度的发生。因此，常会出现上风头的弱群在一定时间后，群势会超过下风头比较强的蜂群。

（2）地势偏集　蜜蜂有向上的特性，放蜂场地高低不一致时，迷巢的蜜蜂常向排放在地势高的蜂箱偏集。

（3）飞翔集中区偏集　蜜蜂是社会性昆虫，有强烈的恋群性，迷巢蜂找不到自己的蜂巢后，就在飞翔蜂比较集中的地方飞舞，经过一段时间，仍找不到原巢便随着较多的蜜蜂一起拥入其他蜂群造成偏集。

（4）场地偏集　如果蜂群放置的环境不同，有的巢门前开阔，蜜蜂飞行路线畅通，有的巢门前有树林、房屋等障碍物，蜜蜂往往向巢门前开阔、飞行路线通畅的蜂箱偏集。

（5）阳光偏集　蜂群刚进入新场地，打开巢门后，蜜蜂容易向太阳方向的蜂群偏集。即上午易向东偏集，下午则向西偏集，这可能与蜜蜂的趋光性有关。

（6）换箱偏集　蜜蜂通过认巢飞行之后，对本群蜂箱的颜色、形状和气味有较强的辨别能力。当突然更换蜂箱，使部分工蜂迷巢，就会偏到邻近的蜂群。

（7）蜂王与偏集的关系　蜂王产卵力强、蜂王物质多的蜂群能引起蜜蜂偏集。这种现象在双群同箱和无王群中最明显。双群同箱饲养，用闸板把一个蜂箱隔堵成两个封闭的区，一区饲养一群蜂。如果两群的蜂王产卵力不一致，较差蜂王的蜂群中工蜂就会偏集到蜂王较好的蜂群。无王群的外勤工蜂也常常投入到有王群中。

2. 蜜蜂偏集的预防和处理　预防蜂群出现偏集，要针对蜜蜂产生偏集的原因来采取措施。在蜂群的饲养管理中，应注意选择地势平坦、比较开阔、无障碍物的场地排放蜂群，在蜂群排列时还应注意风向，最好能使巢门背风。在转地过程中临时放蜂或场地十分拥挤，可将蜂箱围成一圈，巢门朝向圈中心。为了加强蜜蜂认巢能力，最好在蜂箱前涂以黄、蓝、红、白等颜色，并把涂以颜色的蜂箱间隔排列。早春繁殖期，采用双群同箱的饲养方法，还应注意同一蜂箱内的两只蜂王年龄和产卵都比较接近，并随时注意调整两区的子脾，使之平衡发展。

蜜蜂偏集后，可根据具体情况采取措施。早春蜂群搬出越冬室，蜜蜂在排泄飞翔后发生偏集，可以直接把偏多蜂群的蜜蜂直接调还给偏少的蜂群，暂时把带蜂的巢脾放在隔板外侧，让蜂自己爬入隔板里侧，但要注意不能把偏多蜂群的蜂王随脾提出。在外界蜜源条件比较好的前提下，可以把偏多的蜂群与偏少的蜂群互换箱位。暂时关闭偏多蜂群的巢门，或在偏多蜂群的巢门前设置障碍。

（十四）蜂群的近距离迁移

蜜蜂具有识别本群蜂箱位置的能力，如果将蜂箱移到它们飞翔范围内的任何一个新地点，在一段时期内，不少外勤工蜂仍会飞到原来的巢位上去。因此，当对蜂群作近距离迁移时，需要采取有效方法，使蜜蜂在迁移后能很快地识别新巢位，而不再飞返原址。

1. 逐渐迁移法　如果少量的蜂群要进行 10～20 米范围内的迁移，可以采取逐渐迁移的方法。向前后移位时，每次可将蜂群移动 1 米，向左右移位，每次不超过半米，移动蜂群，最好在早、晚进行。每移动一次，都应等外勤蜂对移动后的巢位适应后，再移动。

2. 蜂群的直接迁移法　如果迁移的原址和新址之间有障碍物和其他蜂群，或者距离较远，不便采取逐渐迁移时，可于清晨蜜蜂未出巢之前，用青草堵塞或虚掩着巢门，然后将蜂群直接移到预定的新址。蜂群迁到新址后，打开后纱窗。蜜蜂在巢内急于出巢便啃咬堵塞在巢门的青草，同时青草经太阳渐渐晒干，草间的缝隙增大，经过一番努力蜜蜂才能从巢内钻出。以此加强它们对巢位变动的感觉，而重新进行认巢飞翔，这样返飞原址的蜜蜂就少得多了。对于飞回原址的少数蜜蜂，可在原址放 1～2 弱群收留，待晚上搬入通风的暗室，关闭 2～3 天，再用这种塞草法移动。也可以在原址放置一个蜂箱，内放空巢脾，收容返回的蜜蜂，合并到邻群。

3. 蜂群的间接迁移法 所谓的间接迁移法，就是把蜂群暂时迁到距离原址和新址都超过 5 千米的地方，过渡饲养月余，然后迁往新址。这种方法进行蜂群的近距离迁移最可靠，但比较花时费工。

4. 利用越冬期迁移法 在北方，应尽可能利用蜂群的越冬期进行近距离迁移。当蜂群结成稳定的越冬团时，就可以着手搬迁，但是搬迁时要特别小心，不能震散蜂团，以免冻死蜜蜂。蜜蜂经过较长的越冬期，对原来的蜂箱位置已失去记忆，来年春天出巢活动，便会重新认巢。

5. 蜂群的临时迁移 如果是为了防洪、防窃、止盗等原因，需将蜂群暂时性或夜间迁移时，各箱的位置应详细准确地绘图编号，做好标志，以免事后因排列错乱而引起蜜蜂斗杀。

四、蜂群的四季管理

气候的变化，直接影响蜜蜂的发育和蜂群的生活，同时通过对蜜粉源植物开花的影响，又间接地作用于蜂群的活动和群势的消长。蜂群四季管理的原则，应当根据当地四季气候的演替、蜜粉源条件、病敌害的消长、所饲养蜂种的特性、蜂场经营的目的，以及所掌握的生产阶段，采取相应的饲养管理措施。在不利的季节，力求保存蜂群实力；在有利的季节，力求快速增殖，以达到稳产、高产的目的。

（一）春季管理

蜜蜂越冬后蜂王恢复产卵至蜂群发展壮大阶段的蜂群管理措施，称之为春季管理。目的在于防止春衰、延长越冬蜂的寿命和加速蜂群的发展，使蜂群在主要蜜源开花泌蜜前发展壮大。其主要工作是促进蜜蜂排泄、保温、饲喂、防治病虫害、适时扩大蜂巢和调整蜂群群势等。

（1）促使飞翔排泄　地窖或室内越冬群早春管理的一项重要措施是促使蜜蜂飞翔排泄。在正常情况下，蜜蜂在整个越冬期不出巢排泄，粪便积聚于大肠中，越冬期长达 4～5 个月的北方，积粪量有时达到自身体重的 50%。越冬后期蜂王开始产卵，蜜蜂将蜂团中心的温度提高并稳定在 34～35 ℃，饲料消耗成倍增加，从而腹中积粪增多。因此，到冬末春初要选择晴暖无风天气，傍晚将蜂群搬出室外，次日太阳升起后打开蜂箱盖，晒暖蜂巢，促使蜜蜂出巢进行排泄飞行。安排蜜蜂排泄的时间，以当地早春蜜源植物开花之前 20～30 天为宜。

在蜜蜂飞行排泄时，根据蜜蜂飞翔活动和排泄粪便，可以判断出蜜蜂越冬情况。对于不正常的蜂群，应做上标记，尽快检查处理。

蜜蜂排泄飞行之后，气温下降之前及时盖上箱盖，如有蜜蜂冻僵落地，宜小心捡回箱内。在天气良好的条件下，可让蜜蜂连续排泄两三次。最后一次排泄宜选择背风向阳的场地，两三群为一组排列，就地包装保温，促使繁殖。

蜜蜂飞翔排泄结束以后，选择晴暖无风天气进行一次全面蜂群检查，清除箱底死蜂、蜡渣，调整蜂巢。根据蜂群情况考虑补充蜜粉脾、合并无王群和弱小蜂群、防治蜂螨、进行保温和饲喂等，为蜂群的更新与发展创造适宜的条件。

(2) 防治蜂螨　在第一次全面检查时，利用巢内无封盖子脾的良好时期，连续防治蜂螨两三次。另外，对患有孢子虫病或其他疾病的蜂群，可针对病因进行治疗。

(3) 蜂巢保温　早春外界气温低、变化大，在自然条件下，蜜蜂常常缩小蜂团和加强运动以产生热量，维持蜂子发育的最适温湿度。蜂团缩小后会限制子脾面积扩大，消耗大量的饲料和缩短工蜂的寿命，蜂团外侧的蜂子得不到蜜蜂的保护，会冻饿而死。因此，为了使蜂群在早春能正常发展，在第一次全面检查时，应抽出多余空脾，将蜂路缩小到8~9毫米，对弱小蜂群可采用双群同箱饲养。箱内空处用软草或其他保温物塞满，箱外盖以草帘。保温物要经常晾晒，保持干燥，同时根据气温升高与群势的增强，逐步拆除保温物。扩大或缩小巢门，也能起到调节蜂巢温度的作用。

(4) 补喂与奖饲　蜂王恢复产卵以后，由于蜜蜂的活动和蜂子的生长发育，要消耗大量的蜂蜜、花粉、水和无机盐。因此，在早春第一次全面检查时要给蜂群留足蜜粉脾，饲料不足时，在两三天内补喂。然后进行奖饲，给蜜蜂创造一个人工蜜粉源的条件，以促进蜂王产卵、刺激工蜂活动的积极性。

（5）扩大蜂巢与调整群势　适时扩大蜂巢是为了使蜂王保持最佳产卵量，加速蜂群的恢复与发展。开始时可把子脾四周的蜜盖割开，或将子脾前后调头放置，以扩大产卵面积，以后逐步加入空脾，扩大蜂巢。加脾数量和次数视群势、气温、蜜粉源、巢内蜜粉贮备、蜂王质量、各龄幼虫发育情况而定。在蜜粉源充足、新蜂大量出房时，可每隔 3～5 天加脾 1 次。当群势发展到 8～10 框时，是繁殖的最佳时期，可酌情多加脾。开始几次加脾应选择优质浅褐色巢脾。在外界蜜粉源充足、群势逐步壮大的情况下，可加一些新脾，或加巢础框修造巢脾。

繁殖初期，将弱群中的卵虫脾调到强群中哺育，可发挥弱群的蜂王产卵力和强群的哺育力。当强群发展到 8 框以上时，再从强群中抽调一部分有新蜂出房的老子脾连同幼蜂补进弱群，但要选择晴暖和近期无寒潮时进行。每次以补给一两张子脾为宜，这样既可以使弱群迅速发展壮大，又可避免强群产生分蜂热。

蜂群群势达到 8～10 足框蜂时，即进入了工作蜂累积期，必须暂缓加脾，使蜂脾关系由蜂少于脾发展到蜂多于脾，再加继箱扩大蜂巢。如离主要蜜源开花流蜜还有一段时间，可以趁此组织一部分新群或交尾群。

实行新法饲养的中华蜜蜂，在早春繁殖期除采用上述技术措施之外，还应根据中华蜜蜂喜密集和咬脾的特性，在加新脾扩大蜂巢时，必须注意保持蜂多于脾。在防治中蜂病害时，注意防止中蜂囊状幼虫病。

（二）流蜜期管理

通常，主要蜜源植物花期，既是蜂群的生产阶段，又是蜂群的发展阶段和分蜂阶段。这时如果过分限制蜂王产卵，到流蜜后期常导致群势下降，这是一个值得考虑的问题。因此，应正确处理生产与繁殖的关系，促进高产、稳产。

1. 流蜜期管理的准则

（1）应保持蜜蜂经常处于积极的工作状态，消除分蜂热。注意及时采蜜，既能消除分蜂热，又能增加产量。

（2）蜂群的强弱和采集力的关系密切，因此，在大流蜜期开始时，应组成强大的蜂群。如估计群势不足，应提前20天补充蛹脾。并注意掌握，流蜜期前，发展群势；流蜜期中，补充蛹脾，延续群势；流蜜期后，互相调整蜂群，抓紧恢复和增殖工作。

（3）在主要流蜜期中，要因地制宜，充分利用"强群取蜜，弱群繁殖"、"新王群取蜜，老王群繁殖"、"单王群取蜜，双王群繁殖"等方法，解决采蜜和繁殖的矛盾。

（4）在流蜜时期，应根据花期长短，不同蜜源花期间隔，对蜂群作不同处理。在短促而丰富的主要流蜜期，蜂王所产的卵，要经五六星期才能成为采集蜂，这对于采集此期蜜源的作用很小，而且还要占用哺育蜂，影响采集工作。因此，这时宜用隔王栅限制蜂王产卵，或提走蜂王，诱入王台或处女王，中断产卵，以提高产蜜量。如流蜜期长，或和下一个花期相隔很短，就要尽力为蜂王产卵创造条件，或由副群补助蛹脾给采蜜群，使采蜜群长期维持强大的群势。如做长途转地，追花夺蜜，则应边采蜜，边繁殖，才能长期保持强群并不断增强采蜜力量。

2. 意蜂采蜜群的组织　当巢箱拥挤，工蜂达8～9足框，其中子脾达7～8框时，即应添加第一继箱。将巢箱内2个带蜂的成熟封盖子脾提入继箱，再用2个空脾填补巢箱空位，巢箱上加隔王板。继箱内的子脾应集中于中央，再加一个蜜脾，外夹隔板。如气候尚冷，应在两侧空处铺粗布，填上保温物。提上继箱的子脾如有卵虫，应在第7天后，第9天前，彻底检查一次，毁除改造王台，以免处女王出房发生事故。其后，应视群势发展情况，陆续按上法添加巢脾。

扩大巢内位置，最好加入空巢脾，这样可直接贮蜜产卵，条件许可或必要时，也可加入巢础。

继箱或横卧式箱贮蜜区中，巢脾的距离可稍放宽些。标准箱一般放 8～9 框，等到蜜满时，两面封盖突出少许，便于切割蜜盖。

生产实践表明，每群 10 框蜜蜂的 100 群意蜂，在主要流蜜期的总采蜜量远远不如每群有 20 框蜂的 50 群意蜂，因此，在流蜜期前，弱群必须合并。如果流蜜已开始，气候稳定、群势不足的，也可利用外勤蜂加强采蜜群，突击采蜜。具体做法是，先将蜂群按主副搭配，分组排列，以具有新王或优良蜂王的强群为主，各配以一个副群。在流蜜盛期，即将副群移开，使外勤蜂投入主群中，再按群势加脾或叠加继箱，数日即可取蜜。移开的副群，因外勤蜂已投向主群，空下的巢房可供蜂王充分产卵，又因哺育蜂并未削弱，所以有利繁殖。这样，可为下一次蜜源，或越夏、越冬创造良好条件。

（三）夏季管理

夏季管理是热带、亚热带地区夏秋季缺少蜜粉源时期的蜂群管理措施。在这些地带，尤其是平原地区，仲夏至初秋几乎没有蜜粉源，加上昼夜气温高达 30 ℃以上，蜜蜂难以调节和维持巢内适宜的温湿度，蜂王停止产卵，蜜蜂寿命缩短，卫巢力削弱，随着天数增多，蜂群群势削弱；为此应采取蜂箱遮阳、通风、控制蜂王产卵，减少蜜蜂活动，捕杀蜜蜂天敌和其他管理措施。

根据夏季外界环境条件对蜂群的影响程度，蜂群夏季管理可分为全越夏管理和半越夏管理两种形式。

1. 全越夏管理 指夏秋季几乎没有蜜粉源的地区（如广东、福建、江西和湖南的南部平原地区）的蜂群越夏管理。目的是确保蜂群安全越夏，提高蜜蜂存活率，减少饲料消耗，为以后蜂群发展奠定基础。此时，外界蜜粉源稀少或断绝，平均气温达30 ℃以上，蜂王减少或停止产卵，蜜蜂很少出巢活动。蜂群经过越夏，群势明显减弱，蜂蜜、王浆、花粉减产，严重影响全年的经济效益。为保证蜂群安全度夏，管理工作在入夏前就应开始，主要措施有：①更换老劣蜂王。提前培育好一批新蜂王，在越夏前一个多月诱入蜂群，多培育一批适龄越夏蜂。②调整群势。越夏期长达两三个月时，正常的工蜂死亡数为30%～50%。越夏开始时的群势要求，西方蜜蜂5框、中蜂3框以上，达不到上述要求的，入夏前宜合并，以补强群势。③蜂巢整理。越夏前应提出多余的巢脾，保持蜂脾相称，适当放宽蜂路，停止生产活动。④留足饲料。每框蜂每月约需饲料蜜1.5千克，预先留足或喂足，越夏不宜补喂，以免刺激蜂王重新产卵。⑤遮阳防晒，加强通风。将蜂群放在树荫、凉棚下，把蜂箱垫高几十厘米，打开箱盖气窗，掀起覆布一角，开大巢门，促进空气流通。⑥洒水降温。晴天午间前后，可在蜂箱壁和蜂箱附近地面喷水，以降低蜂群周围小气候的温度。⑦减少干扰。平时多作箱外观察，减少开箱检查次数，全面检查至多10天1次，并于傍晚或清晨进行。⑧预防病敌害。白天防胡蜂捕食蜜蜂，夜晚防蟾蜍吞食蜜蜂和预防芝麻鬼脸天蛾、蜡螟危害蜂巢。夏末蜂王恢复产卵后、子脾封盖前要抓紧治螨。⑨杜绝飞逃。炎夏个别弱小蜂群，抗拒外界不良气候影响的能力很弱，在饲料不足或敌害威胁下，极易发生飞逃，可在巢门前安装隔王片。

2. 半越夏管理 指在秋夏季有少量蜜粉源地区（如长江中下游各地）的蜂群夏季管理。目的在于创造条件，改变蜂群半越夏状态，变消耗性繁殖为生产性繁殖，挖掘生产潜力，提高经济效益。此时蜂王产卵减少，群势缓慢下降，但仍具有一定的生产花粉、王浆的能力。管理措施：①大量奖饲。在贮足蜜粉饲料的基础上，每天每框蜂喂稀糖浆100克左右，缺粉时饲喂人工花粉或天然花粉，始终保持巢内有半框至一框的贮备蜂粮。②合并弱群。进入半越夏的蜂群群势宜在10框以上，为了生产王浆，达不到上述群势的可予合并。③加水降温。把浸透洁净清水的覆布盖在纱盖上，或将浸湿的洁净毛巾挂在箱壁内侧喂水和降温。④预防病敌害。意蜂要预防美洲幼虫腐臭病和蜂螨危害，中蜂要预防囊状幼虫病和蜡螟危害。⑤全越夏管理的措施中除越夏期不宜饲喂外，其他措施都可用于半越夏的管理。⑥坚持生产王浆。由于外界具有少数粉源，加上人为的有效措施，蜂群具有生产王浆条件。应努力增加王浆生产，变消耗性的半越夏期为能够取得收益的王浆生产期。

在环境极差、蜂场劳力不足、产浆技术差的情况下，可将蜂王关入王笼，人为地造成断子，然后按全越夏要求管理。

（四）秋季管理

秋季管理为蜂群安全越冬和翌年早春繁殖做准备的饲养管理措施。主要工作是培育适龄越冬蜂，留足越冬饲料，防治蜂螨，控制蜂王产卵和防止盗蜂等。

1. 培育适龄越冬蜂 越冬蜂的质量，关系到蜂群能否安全越冬和第二年的生产。繁殖适龄越冬蜂宜在秋季最后一个主要蜜源花期的前期进行。当最后一个主要采蜜期结束后，秋季培育的新蜂逐渐取代老蜂。这些新蜂由于未参加过哺育幼虫和采集活动，它们的各种腺体保持着初期的发育状态，越冬以后，仍然具有哺育幼虫和采集的能力，而且寿命较长。适龄越冬蜂愈多，对于蜂群的安全越冬和翌年春季的发展愈有利。因此，要根据各地的气候和蜜粉源条件，用产卵力强的新蜂王更换产卵力弱的老劣蜂王，并加入优质的空巢脾。流蜜中后期逐步抽出蜜脾和空巢脾，使蜂脾相称或蜂弱多于脾，并注意保温，必要时进行奖饲，或将蜂群搬迁到蜜粉源丰富的场地，促使蜂王多产卵。也可将更换出来的老蜂王和两三框蜂组成小群繁殖，越冬前将小群合并，以增加越冬蜂的数量。越冬蜂的群势在长江中下游及以北地区，定地蜂场每群有 5 框足蜂，就能安全越冬，通过春季繁殖，到 4 月中下旬就可以培养成强大的采蜜群。南下春繁的蜂群，群势可以小一些。

2. 防治蜂螨 八九月份是蜂螨繁殖的高峰期，尤其在长江中下游地区采集过棉化的蜂群，受农药的影响，群势下降较快，群内子脾减少，蜂螨寄生率大幅度上升，危害严重。为培育出健壮适龄的越冬蜂，必须抓住秋季群势下降、子脾减少的时期（或采取人为断子方法），对蜂群治一次蜂螨，以提高越冬蜂的质量，否则因蜂螨的危害会使越冬蜂群严重削弱，影响到第二年的春繁甚至垮场。

3. 留足越冬饲料 充足优质的越冬饲料是蜂群安全越冬的必要条件之一。要在秋季最后一个蜜源花期内为每个蜂群留足10～15千克的越冬饲料蜜。最好留封盖蜜脾，放在继箱内或抽出单独存放，越冬前用蜜脾换出群内空脾或贮蜜较少的巢脾。如蜜脾不足，宜在培育越冬蜂的中后期，用优质蜂蜜或蔗糖浆在3～5天内喂足。

4. 幽闭蜂王 秋后由于外界气温较低，蜜粉源日渐减少，蜂王产卵力下降，但又未完全停产。如不及时幽闭蜂王，强迫停产，工蜂由于哺育新幼虫，采集蜜粉而使体力消耗，寿命缩短，不利于安全越冬或导致翌年春衰。幽闭蜂王时，将蜂王关进竹丝或塑料王笼里，悬于蜂群中央，定期检查，防止缺少饲料或冻死。幽闭蜂王后群内断子，蜂群安静而很少飞出，节省饲料，且有利于治螨，有利于提高越冬蜂的质量。

5. 防止盗蜂 秋季外界蜜源日渐减少或中断，是盗蜂易发生的季节，一般不开箱或少开箱检查蜂群，必要时采取防盗措施。饲喂时蜜汁不宜滴漏在箱外，空脾、饲料要严加保管，对无王群或弱小群及时合并饲养，发生盗蜂时应及时采取相应措施。

在秋末冬初流蜜期，南方的鹅掌柴、枇杷、野坎子、茶树等，是中蜂采集的主要秋末冬初蜜源。这时气温较低，经常降到10℃以下，且常连续阴雨，因此这个时期对采蜜群应注意保温、适当密集群势，取蜜应选择在晴暖天气的中午前后进行，要兼顾繁殖。

(五) 越冬管理

越冬管理是指蜜蜂停止巢外活动、结成蜂团时期的蜂群饲养管理措施。在温带、亚寒带四季分明的地区，蜜蜂受冬季低温的影响，停止产卵育虫，在巢内结集成越冬蜂团，以贮备的饲料为食，处于半蛰居状态，以适应寒冷环境。蜂群越冬期的长短，取决于各地冬季低温持续的时间，我国北部寒冷地区蜂群越冬可长达5~6个月之久。因此，在北方蜂群越冬是蜜蜂生活和蜂群管理的主要时期。蜂群越冬期的管理，主要通过箱外观察和听测判断巢内状况，一般不开箱检查，尽量保持蜂群安静。蜂群越冬方式有室外越冬和室内越冬两种。管理的主要内容包括调节温度、预防敌害、通风换气等。

1. 越冬准备 蜂群安全越冬必须具备的基本条件：①具有优良蜂王和以适龄越冬蜂为主体组成的强群。②越冬饲料充足，质量优良，蜜汁成熟封盖。③蜂群健康无病。④越冬环境安静，蜂巢布置合理，包装正确。越冬准备工作包括：更换蜂王，防治蜂螨，培育适龄越冬蜂，贮备饲料（见秋季管理）及布置越冬蜂巢等。秋末，蜂子全部羽化出房之后，蜜蜂停止出巢飞翔之前布置越冬蜂巢。首先，抽出巢内的空脾及多余的半蜜脾和粉脾，补以成熟蜜脾，然后将半蜜脾置于中间，两侧放整蜜脾，外加隔板，促使蜜蜂以蜂巢中间下部为核心结成球。越冬蜂巢应适当加大脾间蜂路，上梁横放几根木条或盖纱盖，留作上蜂路，以便蜜蜂利用贮备饲料。巢内饲料贮备量根据越冬期的长短和群势而定，高寒地区越冬期长，每框蜂留3千克以上封盖蜜和适量花粉。布置好蜂巢后，不再开箱检查尽量保持蜂群安静。

2. 室外越冬 简便易行，设备投资少，但在高寒地区，每年需准备较多包装材料，比较费工。蜂群在室外越冬应选择避风向阳、地势高燥场地，并要对蜂箱进行适当的保温包装。包装时间和方法各有不同。冬季最低气温在-5℃左右地区，蜂群越冬可以不做箱外包装，只在冬末采取箱内保温措施。冬季最低气温不低于-20℃的地区，在11月下旬，当低温季节到来时进行箱外薄包装；除箱前壁外，上下四周用草帘等保温物包装。冬季最低气温在-20℃以下的寒冷地区，室外越冬应加厚包装，或采用地沟筑围墙包装法。室外越冬蜂群的管理，主要是预防敌害侵扰蜂群，及时清除巢门处的落叶和冰雪，每月从巢门清除一两次死蜂，保证通气良好，并根据气温的变化调节巢门大小。越冬后期天气开始变暖，在积雪融化前清除箱上及场地前面的积雪。蜂群开始产卵育虫后，选择晴暖天气，开始检查，补充饲料，调整蜂巢。

3. 室内越冬　可人为调节环境条件，既安全，又便于管理，但设备投资大。越冬室要求保温性能良好，温差小；干燥，防雨雪；通气良好，便于调节温度；安静黑暗。有条件的蜂场可建立自动调温通风的现代化越冬室。蜂群入室的时间一般是白天荫处不再化冻、水面结冰之后。出室时间依早春气温回升情况而定，当白天最高气温达到8~10℃时即可出室。蜂箱在越冬室内的排列，应离墙壁20厘米，地上设40厘米高的支架，支架上面可放置3层蜂箱，成行排列，行间留80厘米通道，巢门向外，以便于管理。蜂群在室内越冬的适宜温度为-4~4℃，相对湿度75%~85%，并要通风良好，空气新鲜，安静、黑暗。在越冬室的不同高度分两三处设温、湿度计。蜂群入室初期，每日观察一次，开大通气孔，使室内保持较低温度。越冬前中期，如果室内温度稳定，蜂群安静，每10~15日进室观察1次。若室温高则开大通气孔，通风降温，如室温过低，则缩小通气孔，提高温度。湿度过高，加强通风或在地面分撒吸湿剂，湿度低可在地面洒水。越冬正常的蜂群发声很小，如果发现个别蜂群发声过大，应开箱检查，发现问题及时处理，发生鼠害应立即扑灭。越冬中期以后，每月从巢门清理一两次死蜂，避免堵塞巢门。越冬后期，蜂群开始产卵育虫，巢温升高，耗蜜增加，每3～5日观察1次。临出室前普遍开箱检查1遍，发现缺蜜，必须及时给蜂群加蜜脾或饲喂。如果蜂团周围无蜜，应调整巢脾，缺粉脾可补加粉脾或饲喂代用花粉。对个别下痢群可选温暖天提前出室，促使蜜蜂提前出巢做排泄飞行，并更换被污染的蜂箱和巢脾。

中华蜜蜂越冬期蜂团较松散，有咬脾现象，进入冬蛰的时间比意蜂推迟20天左右，翌年开始活动比意蜂提早约20日。由于中国各地冬季的气温差别很大，中蜂在不同地区越冬的状态各不一样，饲养管理的方法也不同。①热带气候区，如广东、福建、广西等省区的南部沿海地区，冬季气温常达10℃以上，外界有零星蜜粉源植物，这个时期虽然是冬季，但中蜂群不停止采集活动，可按繁殖期方法管理。②在广东北部、福建北部及长江流域各省区，冬季气温波动在0～10℃之间，蜂群依然处于繁殖状态。由于气温较低，工蜂外出采集常被冻死，为了保温，不宜使蜂群过多繁殖。③冬季平均气温低于−5℃的地区，蜂群结团过冬，按一般西方蜜蜂越冬方法管理。但中蜂群有咬脾穿洞的习性，布置巢脾时小脾宜放在中间，大脾放在两侧。

五、蜜蜂产品生产

目前，我国养蜂生产的经济收入，主要依靠蜜蜂产品。蜜蜂产品较多，有蜂蜜、蜂王浆、蜂蜡、蜂花粉、蜂胶、蜂毒、蜜蜂虫蛹等。蜂蜜和蜂蜡是养蜂生产的传统产品。近年来，蜂王浆和蜂花粉也大批量生产，尤其是蜂王浆已成为我国养蜂生产中最主要的产品之一。此外，蜂胶、蜂毒、蜜蜂虫蛹等产品也正在研究开发利用之中。所有蜜蜂产品的生产，都需要根据蜜蜂生物学特性，科学地管理蜂群和采取特殊的生产采收技术。

（一）蜂蜜的生产

蜂蜜多指蜜蜂从蜜源植物蜜腺上采集并携带归来的花蜜，经过工蜂反复加工、酿造而成的味甜而且有黏性、透明或半透明的胶状液体。蜂蜜是一种营养丰富，并具有特殊花香的天然甜食品。优质成熟的蜂蜜，不需任何加工便可直接食用。自古以来，蜂蜜一直受到人们的喜爱，尤其当今时代，世界的蜂蜜消费量还在逐年增长，究其原因可能就在于其天然性。因此，我们在生产和贮运过程中，必须保持蜂蜜的纯洁性和天然性，坚持生产优质成熟蜜，防治污染，杜绝掺假、掺杂。

蜂蜜产品有两种形式，即分离蜜和巢蜜。我国生产的蜂蜜，绝大多数是分离蜜。分离蜜也称为离心蜜，是将蜂巢中的贮蜜巢脾取出后，放置在分蜜机中，通过离心力作用而脱离巢脾的蜂蜜。用其他方法从贮蜜巢脾中分离出来的蜂蜜，也可算作分离蜜。

蜂蜜的优质高产，与蜂群的饲养管理技术直接相关，要求蜂群中适龄采集蜂出现的高峰期，必须与主要蜜源的大流蜜期相吻合。下面围绕着蜂蜜的优质高产，重点介绍分离蜜的采收技术和巢蜜生产。

1. 蜂蜜的基本特性　刚从蜂巢中取出的新鲜蜂蜜是透明或半透明的黏稠液体，密度为 1.401～1.443，蜂蜜中的含水量越少，其密度越大。来源于不同蜜源植物的蜂蜜，其颜色和香味有所不同，蜂蜜中的香味往往与其花香一致。蜂蜜的色泽，取决于其所含的色素种类和矿物质含量，一般从水白色到深琥珀色。加热或长期贮存，能破坏蜂蜜原有的色泽和清香的气味，使蜂蜜颜色加深，香味减退，味道变劣。

多数情况下，蜂蜜具有吸湿性。蜂蜜暴露在空气中，就会吸收空气中的水分而使蜂蜜中的含水量增加。蜂蜜的吸湿能力与大气中的相对湿度以及蜂蜜浓度密切相关。空气中的湿度越大，或蜂蜜的浓度越高，蜂蜜的吸湿性也就越强，反之，空气中湿度小，蜂蜜中含水量高吸湿性就弱，甚至使蜂蜜脱水。

蜂蜜具有黏滞性，也就是抗流动性。蜂蜜黏滞性的强弱受含水量和温度的影响。蜂蜜的含水量少，或蜜温低，蜂蜜的黏滞性就大。有些蜂蜜在剧烈搅拌下也会降低黏性，但静置后又恢复原状，这叫摇溶现象或触变性。黏滞性大的蜂蜜难以从巢脾中分离出来和从容器中倒出来，降低过滤和澄清速度，蜜中的气泡和杂质也不易清除。

含水量高或贮存不当的蜂蜜，会引起发酵变质。蜂蜜中自然存在着耐糖性酵母菌和产酸细菌。如果蜂蜜浓度高，或者气温低，蜂蜜中的微生物活动就会被抑制。但是，蜂蜜中含水量高，温度又适宜，这些微生物就在蜂蜜中活动繁殖，把蜂蜜中的糖分解为酒精和二氧化碳。在有氧的条件下，醋酸菌又将酒精进一步分解为醋酸和水。发酵的蜂蜜产生大量的气体，产生很多泡沫。蜂蜜的含水量在 18% 以下，或蜂蜜贮存在 14 ℃以下，酵母菌都不能活动和繁殖，因而也就不能使蜂蜜发酵。

多数蜂蜜具有结晶的特性。蜂蜜是含有多种营养物质的葡萄糖、果糖过饱和溶液。由于葡萄糖具有容易结晶的特点，因此分离出来的蜂蜜，在较低的温度下，放置一段时间，葡萄糖就会逐渐结晶。果糖和糊精几乎不结晶，呈黏稠的胶状液。

2. 取蜜时间的确定　在主要蜜源花期，取蜜次数多，可以刺激工蜂采蜜的积极性，有利于提高蜂蜜的产量。但是，过早过勤采收，就会影响蜂蜜的成熟度，使蜂蜜含水量高、酶值低、味道差，而且容易发酵酸败，不能久存。所以，应该提倡取成熟蜜。养蜂比较发达的国家采用多箱体养蜂，一个花期只集中采收1～2次蜂蜜，这种方法比较科学，有利于生产高质量的蜂蜜。但是，由于国情所限，目前我们还不能广泛采用这种蜂蜜生产方式。

在流蜜期，应该及时了解蜂群的贮蜜情况，一般需每隔3天检查1次。当巢内蜜脾封盖，或有1/2以上的蜜房已完全封盖，而且其余的蜜房正在封盖收口呈鱼眼性，就可采收。意蜂取蜜应采收贮蜜区的蜂蜜，尽量不取繁殖区的蜂蜜，以免使分离蜜中混入过多的花粉，而影响蜂蜜的质量，并且繁殖区的蜂蜜成熟度也稍低。

采收蜂蜜应避免影响蜂群的采集活动和减少采收新采进的花蜜。取蜜一般应在清晨进行，在上午蜂群开始大量出勤前结束。在气温低的季节，为了避免过多影响巢温和子脾发育，取蜜时间应安排在中午气温较高的时间进行。

3. 抽脾脱蜂　采收蜂蜜的办法，可陆续选取成熟的蜜脾，也可以整批取下继箱蜜脾，这要根据泌蜜的程度和流蜜的持续时间而定。

在蜜源不大，而流蜜持续时间较长的情况下，应采用前一种办法，每次选取部分成熟蜜脾，换入已摇过蜜的空脾。放入空脾时，要和留在继箱或贮蜜区中的蜜脾相间排列。为了方便工作，应先准备数个空箱，内装空脾，然后逐群用空脾替换成熟的蜜脾。

按继箱整批采蜜的方法，宜在大流蜜期，当强群的日进蜜量达5千克以上，三四天就能贮满一个断箱的情况下采用。

抽出蜜脾后，蜂箱中应留出空位，以便抖蜂。如继箱中的蜜脾整批取空，可换上空继箱。在继箱两侧各加入1～2框空脾，以供抖落的蜜蜂附着。如从巢箱中抽取蜜脾，特别是附带子脾的蜜脾时，慎勿带王。抖蜂时要逐一用双手握住框耳，对准蜂箱空处或巢前搭板上，把蜜脾突然上下抖动二三下，使蜜蜂猝不及防，脱落下来。新脾怕震裂，宜软抖、轻抖，剩下少数蜜蜂，再用蜂刷扫落。如蜂性凶猛，可用喷烟压服，但必须注意，切勿使烟灰散落到蜜脾上。每群抽出蜜脾抖蜂后，应适当地补入空脾。

规模较大的蜂场，为节省劳力、时间和避免蜂蜇，可采用烟雾忌避剂脱蜂，或用吹蜂机脱蜂。

4. 分离蜂蜜　蜂蜜是不经消毒的食品，对卫生要格外讲究。采蜜室必须洁净，防止蝇类进入。室外摇蜜，更应重视卫生工作。

蜜脾送进采蜜室，有时会附带极少数蜜蜂，影响工作。最好在采蜜室纱窗上，安装脱蜂器，使蜜蜂能出不能进。

摇蜜前，要预先准备好分蜜机、切蜜盖刀、各种辅助器具，以及贮蜜容器、脸盆、肥皂、毛巾等。

分蜜机应擦干净，在轴承上加些食用油作润滑剂。分蜜机的架座高度，要使流口下面正好放一只提桶，以承接蜂蜜。其摇把高度，宜和工作人员的肘部等高。

在流口下面挂一只轻便滤器，滤去死蜂、蜡屑等杂质。

切蜜盖是一项细心的工作。切蜜盖时，将巢脾垂直竖起，割蜜刀齐着上梁由下向上拉锯式徐徐切割。切割蜜盖应小心，不得损坏巢房。为使分蜜机不停地工作，群数多时，室内最好需要2～3人配合，其中1～2人切蜜盖，1人摇蜜。

放在分蜜机两个相对框笼里的蜜脾，轻重不能太悬殊。摇把最初转动要慢，以后逐渐加速。当蜜脾一面的蜜约摇出一半时，应将巢脾翻转一面。待另一面的蜜摇尽后，再翻过来，把原先一面蜜摇尽。这样，不致轻重悬殊，使蜜脾折裂。特别是新造的巢脾，更要小心轻摇。

带封盖子的蜜脾，应选出先摇，并小心避免碰压脾面。摇蜜后，及时归还蜂群保温。带幼虫的蜜脾，摇时易将幼虫分离出来，因此不宜取蜜。

在冷天摇蜜，应使室内气温保持 22～25 ℃。如蜜脾早已取出，要先在上述室温中放置一夜，这样切蜜盖时，巢房壁才不会脆裂，蜂蜜也容易流出来。

摇出的蜜最好用双重滤蜜器过滤，或集中在大口桶让其澄清，过一天所有的蜡屑和泡沫都浮在上面，把上面一层杂质取出处理掉，纯净的蜂蜜就可以封桶待运。每桶蜜都要贴上标签，注明品种、重量、比重及采收日期等。

割下的蜜盖上，还附有不少蜂蜜，可静置滤出，也可用蜜蜡分离器提取。

分蜜机用过后要洗净、晒干，并在机件上擦油防锈。

摇蜜以后，还有少量的蜜附在巢房里，应将最后一次摇过蜜的巢脾，放在继箱里，加到强群蜂箱上面。每群可加一、两个继箱，过 2～3 天，经蜜蜂清理干净后，就可撤下收存。

5. 巢蜜生产　巢蜜是蜜蜂采集并充分酿造成熟、贮存在新巢脾中的小块封盖蜜。巢蜜营养丰富，蜜纯质优、卫生可口、外形美观，深受人们的喜爱，是高档的天然蜂蜜产品。

巢蜜中的蜂蜜，在蜜蜂用新蜂蜡筑造的巢脾中封存，保证了蜂蜜的天然成熟，能够完美地保持蜜源花朵所特有的清香，完整地保留了蜂蜜中所有的营养成分。巢蜜减少了分离蜜在分离、包装和贮运过程中的污染和营养成分的破坏。此外，巢蜜还具有蜂巢的价值，能清洁口腔，对胃肠炎、肝炎等多种疾病都具有辅助疗效。

巢蜜有 3 种商品形式，即格子巢蜜、切块巢蜜和混合巢蜜。格子巢蜜是用特别的巢蜜格镶装特薄巢础造脾，贮蜜成熟封盖后，蜜脾和蜜格连同一起包装出售的蜜蜂产品。格子巢蜜的生产过程包括，制作巢蜜格，制作或改制蜜格框架，或改装巢蜜生产继箱，培养和组织巢蜜生产群，巢蜜格镶础造脾，巢蜜格贮蜜，检查调整半成品，成品采收和清理包装等。切块巢蜜是将继箱中的成熟封盖蜜脾切割成一定大小形状的小蜜块。混合巢蜜是将切块巢蜜放在透明的容器中，注入同蜜种的分离蜜所形成的商品。

巢蜜生产的条件比分离蜜的生产更为严格，不是任何能生产分离蜜的地方都适于生产巢蜜。巢蜜生产主要应具备蜜源和蜂群两方面的条件。

(1) 蜜源条件　巢蜜生产首先要有花期长并且流蜜大的蜜源。同时要求蜜源种类所分泌的花蜜，蜜蜂采集酿造后，蜂蜜色泽浅淡、气味清香、不易结晶。例如紫云英、苜蓿、椴树、柑橘、荔枝、龙眼、草木樨等都是巢蜜生产的理想蜜源。巢蜜不能有蜂胶，蜂胶能影响巢蜜的色泽美观，并使巢蜜带有蜂胶的苦涩味。所以，生产巢蜜应避开林木茂盛、胶源丰富的地方。

(2) 蜂群条件　生产巢蜜的蜂群要求造脾能力强，采集积极，也就是要有大量适龄采集蜂和泌蜡蜂的强群，这样才能保证快速造巢蜜脾和使巢蜜快速成熟封盖。生产巢蜜的蜂种应选择蜜脾封盖干型、采胶能力差和采集力强的蜂种。

干型蜜房封盖，房盖与贮蜜有一定的距离，所以巢蜜封盖是鲜亮的新蜂蜡色，色泽美观。而湿型蜜房封盖，房盖与贮蜜接触，巢蜜的封盖就呈湿润状，色泽暗。生产巢蜜比较理想的蜂种有中蜂、喀蜂和意蜂。中蜂不采胶，蜜房封盖呈干型，但是中蜂所能维持的群势较小，群体采集力较差。喀蜂采蜜力强，采胶性差，蜜房封盖干型。意蜂最大的特点就是能维持群势大，采集力强，但蜜房封盖是中间型的，采胶性一般。

(二) 蜂蜡的生产

蜂蜡也称为黄蜡、蜜蜡，是由工蜂蜡腺细胞分泌，主要用于筑造巢脾的蜡状物质，也是养蜂传统的产品之一。蜂蜡呈淡黄色至黄褐色，常温下为固态，有蜜粉香味。蜂蜡具有绝缘、防腐、防锈、防水、润滑和不裂等特性。因此，蜂蜡广泛应用于光学、电子、机械、轻工、化工、医药、食品、纺织、印染等工业和农业生产。对科学养蜂来说，蜂蜡是制造巢础必不可少的原料。所以，在养蜂生产中，应注意蜂蜡的收集和生产。

1. 影响蜂群泌蜡的有关因素 一般情况下，外勤工蜂的蜡腺细胞退化，只有13～18日龄（西方蜜蜂）或15～18日龄（中华蜜蜂）的内勤工蜂蜡腺细胞最发达。充分了解蜂群泌蜡的有关条件，分析和克服不利于泌蜡的因素，就可以创造条件多生产蜂蜡。

（1）有利于蜂群泌蜡的因素 天气良好，蜜粉源丰富，巢内贮蜜粉充足；蜂群中适龄泌蜡蜂多，并且这部分蜜蜂在虫蛹和幼虫发育阶段营养条件良好；蜂群繁殖力强，蜂王产卵力高巢内卵虫多；巢内拥挤，蜂群贮存蜂蜜和供蜂王产卵的位置不足；蜂群失巢或蜂巢的完整性被破坏；蜂群无分蜂热，新分群，特别是新自然分出群。

（2）不利于蜂群泌蜡的因素 蜂群存在下列因素之一，便会影响蜂群泌蜡造脾的积极性。产生分蜂热的蜂群，工蜂会全面"怠工"，泌蜡造脾的积极性也显著降低甚至停顿；无王群泌蜡锐减；蜂群巢内饲料不足，幼虫或幼蜂发育不良，影响蜡腺细胞的发育和泌蜡；巢内巢脾过多，蜂群造脾不迫切等。

2. 蜂蜡的增收方法 蜂蜡生产主要从克服影响蜂群泌蜡造脾的不利因素，创造蜂群积极泌蜡造脾的条件入手，多造脾、多产蜡。同时，也要注意在平时的蜂群管理中对零星碎蜡的收集。蜂蜡的增收方法主要有以下几个方面。

（1）多造巢脾　　每框巢脾除巢础外，有 60 克以上的蜂蜡。老脾通过机械榨蜡，也可得到大量蜂蜡。所以要抓住一切有利时期，积极造脾。

（2）蜜蜡并收　　在流蜜期中放宽蜂路，使蜜房突出，切下后可多产蜂蜡。

（3）注意日常积累　　巢脾框梁上的蜡瘤、赘脾、生产王浆的碎蜡、切除的雄蜂房以及箱底的蜡屑等，均应收集化蜡，积少成多。

（4）使用采蜡巢框　　在巢脾已足够使用，或无蜡制础的情况下，可以使用采蜡巢来生产蜂蜡。采蜡巢框是用普通巢框改制而成。改装的方法是先把巢框的上梁拆下，在侧条的上部三分之一处，钉上一根横木条。然后，在巢框侧条上，各钉一块坚固的铁皮，作为框耳。巢框的上梁，搁在铁皮框耳上。这样，上部用来采蜡，下部仍全面装上巢础，给蜂群筑巢、贮蜜和产卵。视蜜源和群势，每群可酌放 2～5 框于继箱或巢箱里。等上部造好脾后，将上梁取出割脾，割时留下一行巢房，吸引蜂群在此基础上快速填造。采蜡后再把上梁放回蜂群中。

采用这种巢框，不但可增产蜂蜡，而且可作为检查之用，如其他各群都造脾，而这群不造，则证明这群失王或有分蜂热。

3. 蜂蜡的提炼和应注意的问题　　蜂蜡的提炼，一般都用热滤法，即把旧巢脾从巢框割下后，除去铁丝，放入大锅内，锅内添水加热煮沸，然后充分搅拌，蜂蜡溶化后浮在水面，在锅中压入一铁纱，把比重比水轻的杂质压到锅的底层，把蜡液和杂质分开。把上层带蜡液的水撇出，放入盛凉水的容器中。撇干水后，锅中的蜡渣可再加水加热煮沸，再撇出水和蜡液。如此反复 3 次，就可基本提尽蜂蜡。最后把凉水中的蜂蜡集中在一起加热熔化，将蜡液放入盛有温水的容器中静置凝固。蜂蜡完全冷却凝固后，取出刮去下层杂质，即可得到纯净的蜂蜡。

蜂蜡受杂质影响会变黑，降低蜂蜡的等级，因此，收集蜂蜡原料时尽可能避免掺入蜂胶等杂质。用旧巢脾化蜡前，应先碎成小块，浸入水中若干天，漂洗数遍后再进行化蜡。

旧脾、蜜盖等蜂蜡原料应及时化蜡，不宜久存，以防遭到巢虫毁坏。新采收的赘脾、采蜡框上采收的蜂蜡和旧巢脾等，由于提炼出来的蜂蜡质量不一，应分别提炼，单独存放。

加热化蜡时，温度不宜太高，一般维持在 85 ℃，温度过高影响蜂蜡质量，也易引起火灾。所以化蜡的过程中，不能离人。

成品蜂蜡应按质量标准分类用麻袋包装，贮存在干燥通风处。因为蜂蜡具有香、甜气味，易受虫蛀和鼠害，平时应常检查，妥善保管。

（三）蜂王浆的生产

蜂王浆是由蜜蜂工蜂头部王浆腺分泌出来的一种乳白色或淡黄色、略带甜味和酸涩味的乳浆状物质，是蜂王的终生食物。此外，蜂王浆也用来饲喂工蜂和雄蜂的小幼虫，所以也称为蜂乳。蜂王浆是人类高级的营养滋补品，具有显著的医疗保健效能。

我国的蜂王浆生产，始于 1958 年。现在，蜂王浆已成为我国养蜂生产最主要的产品之一。饲养西方蜜蜂的蜂王浆生产收入，一般占养蜂总产值的 40% 以上。定地饲养的蜂场，蜂王浆的产值甚至大大高于蜂蜜的产值。蜂王浆的生产，不像蜂蜜生产那样受到蜜源和气候条件的严格限制。因此，开展蜂王浆生产，能够稳定养蜂场的收入，这对养蜂业持续稳定的发展具有很大意义。

1. 蜂王浆生产原理及蜂群产浆生物学特性 蜂王浆生产的基本原理，是利用蜂群育王过程中，在王台中大量堆积蜂王浆哺育蜂王幼虫的特性，人为地创造条件培育蜂王，当王台中的蜂王浆积累的量最多时，去除幼虫以获取蜂王浆。

工蜂和雄蜂 3 日龄以内的小幼虫房中也存在着蜂王浆，但是，工蜂和雄蜂巢房中的蜂王浆量非常少，而王台中的蜂王浆量相对大得多。据测定，王台中的蜂王浆量是工蜂小幼虫巢房中蜂王浆最大量的 14 倍，是雄蜂小幼虫巢房中蜂王浆最大量的 28 倍。因此，要获取大量的蜂王浆，只能通过培育蜂王幼虫来进行。

通过培育蜂王幼虫生产王浆，首先需要创造蜂群的育王条件，也就是在哺育力过剩的强群中，用隔王栅分隔出一个无王区，此区具备了蜂群积极育王的条件（自然分蜂和急迫改造）。其次，要使产浆的王台集中一定的数量，以保证蜂王浆生产的产量，需要制造人工台基。最后，根据 3 日龄以内的工蜂小幼虫可以培育蜂王的特性，将工蜂巢房中的小幼虫移到人工台基中，再放入适于大量培育蜂王幼虫的蜂群中，工蜂便会在移入小幼虫的人工台基中大量地分泌蜂王浆。

工蜂的王浆腺从羽化后开始发育，王浆腺的发育依赖于花粉提供蛋白质等营养。随着日龄的增长，王浆腺的发育逐渐达到最高峰，然后开始退化。试验结果表明，14～23 日龄的工蜂为产浆的适龄哺育蜂。

产浆过程中，移取的幼虫日龄与取浆周期对蜂王浆的产量影响很大。试验表明，移入 12～24 小时的幼虫产浆量最高。移虫后以 48 小时或 72 小时作为取浆周期则蜂王浆的总产量差异不显著。

2. 蜂王浆生产的条件 一般情况下，蜂王浆生产需要稳定的气候、充足的饲料和强壮的群势等三个基本条件。

（1）气候条件 蜂王浆生产要求气候稳定，无连续低温，气温在 15 ℃以上，蜂群已除去外保温包装。

（2）饲料条件 产浆蜂群的巢内必须粉蜜充足，尤其是蛋白质饲料更是不可缺少。如果外界蜜粉源丰富，则有利于提高蜂王浆的产量。

（3）蜂群条件 蜂王浆生产主要是利用蜂群过剩的哺育力，正常情况下只有强群才会使哺育蜂过剩。蜂群的群势越强，过剩的哺育蜂越多，蜂群培育蜂王的积极性越高，产浆也就越多。一般来说，产浆群最小的群势也应 6~7 足框以上。弱群产浆不但王浆产量低，而且还会影响蜂群的正常繁殖。

3. 蜂王浆生产技术　与生产蜂蜜不同的是，要在继箱里经常保持两框幼虫脾，为的是把哺育蜂调到继箱饲喂蜂王幼虫。移上小幼虫的产浆框，放在继箱里的幼虫脾之间或者幼虫脾和蜜粉脾之间。在大流蜜期，继箱内可以不放或者只放 1 框幼虫脾。

（1）生产工具　使用的工具有产浆框、塑料王台条、移虫针、削台刀、镊子、3~4 号画笔和真空取浆器、储浆瓶、消毒纱布、酒精、毛巾等。

产浆框的大小、形状、大致与巢框相同。框梁和侧板只有 12~15 毫米宽，15~20 毫米厚。中间横着装上 3~5 条可装拆的塑料王台条，每根王台条有 25~30 个台基，也可以用蜂蜡制造王台蜡碗。

削台刀可用刮胡子刀片夹在竹柄上制成，储浆瓶根据产量采用容量为 300~1 000 克的塑料瓶。采浆前把采浆瓶、采浆用的画笔、镊子等工具用 75% 酒精消毒。

（2）产浆群的组织　通常采用加继箱的有王生产群生产蜂王浆，用隔王板把蜂王限制在巢箱产卵，从巢箱提两框幼虫脾加在继箱中部，两侧放蜜粉脾。春季开始生产时，可以组织数个无王群，首先把移上虫的产浆框加到无王群里，24 小时后再移到有王群继箱中，可以提高饲喂幼虫的接受率。

（3）移虫　日龄一致的幼虫脾可以提高工作效率。将空脾插入蜂王产卵区，到第五天就有成片的适龄幼虫可供移虫。双王群作为供虫群效果更好。移好虫的产浆框及时加入生产群，强群可以 1 次加 2 框，加在幼虫脾和蜜粉脾之间。

（4）补虫　插入产浆框 3~4 小时后检查幼虫被接受情况，查看王台内幼虫成活率。未接受的，及时补移幼虫。次日早晨再次检查，补虫。接受率达 90% 以上的不补。

4. 提高蜂王浆产量的措施　为了提高蜂王浆的产量，在产浆过程中，可根据具体情况采取下列措施。

（1）选育和引进蜂王浆的高产蜂种　实践证明，蜂群经过长期的定向选种育种能够突出表现定向的某些性状，并能使这些优良的性状具有一定的遗传力保存下来。我国浙江的养蜂工作者和生产者，通过20多年的蜂王浆高产定向选育，培育出蜂王浆高产蜂群，并且通过这些蜂王浆高产蜂种的引进和推广试验证明，用其幼虫人工培育的蜂王更换本场的蜂王，可以迅速提高全场蜂群的蜂王浆产量。

（2）延长蜂王浆生产期　早春饲喂花粉或花粉代用品，进行奖励饲喂，加强管理，促进蜂群繁殖，早日恢复并发展强壮。秋节把蜂群移到有蜜粉源的地方，或者进行奖励饲喂，适当延长生产期。

（3）保证饲料充足　进行短途转地，在有蜜粉源的地方生产。蜂王浆生产群保持4千克以上的储蜜和1框花粉脾，缺少时立刻补足。还要坚持进行奖励饲喂，喂1∶2的稀糖浆，每次每框蜂喂50～100克。花粉不足的，喂花粉糖饼。大流蜜期时，生产蜂王浆和生产蜂蜜并重。

（4）保持强群　加1个继箱的生产群必须强壮，要有20框蜂以上，使蜂多于脾，蜜蜂密集，经常保持8个以上子脾，才能获得蜂王浆高产。生产群群势较弱时，从副群（补助群）提来不带蜂的封盖子脾，同时给副群加空脾。生产群达到标准以后，可以将副群的卵虫脾调给生产群，而将生产群里已有部分出房的封盖子脾调给副群。

（5）建立供虫群　副群或双王群可以作供虫群。将空脾加入供虫群，第四天提出移虫，移完虫后仍放回原群。第五天再提出移虫，移完后加到生产群。供虫群提供的幼虫日龄一致，可以避免到各群去翻找适龄幼虫，能提高生产效率和蜂王浆产量。

（6）按群势定王台数　蜂王浆的产量是由接受的王台数和每

个台的产浆量决定的。群势强、哺育蜂多，可酌情增加王台数量并努力提高王台接受率。1个产浆框通常用4根王台条，共100个台，可以增加到5根王台条。1个蜂王浆生产群在生产旺季可以加2～3个产浆框。平均每个王台产浆280毫克以上的，就可增加王台条或产浆框。15～25框蜂的生产群，每5框蜜蜂（1千克蜂）可接受饲喂30～50个王台幼虫。

（7）按劳力确定产浆周期　大部分蜂场是在移虫后经过70～72小时取浆，移植的幼虫虫龄以24小时以内的较好。按3日生产1批计，1个月生产10批，每批的蜂王浆产量比较高。也有采用48小时取浆的，移植的幼虫以36小时左右的较好，1个月可生产15批，每批蜂王浆的产量比较低。但是1个月的总产量要高于72小时取浆的，适合劳力充足，技术熟练的蜂场采用。

为了弥补48小时取浆时蜜蜂饲喂蜂王幼虫的时间太短、框产较低的缺点，有的蜂场采取56小时取浆，以2.5天为1个生产周期的方法。采用这种方法，要求为每群多准备一套产浆框。在取浆的当天早晨，先向产浆群加入移上虫的产浆框。傍晚，提出到期的产浆框，取浆后这些产浆框留作下一批生产用。同时，把早晨加入的产浆框，移到提出的产浆框的位置。

5. 蜂王浆的采收　提出产浆框动作要慢，轻轻抖落部分蜜蜂，防止剧烈振动溅出蜂王浆，再用蜂扫把蜜蜂扫净。立刻把加高的王台上部割去，将幼虫夹出，以免放时间久了蜂王浆变干和幼虫消耗。割时不使刀刃接触幼虫，用不锈钢镊子把幼虫轻轻夹出，集中放于另一容器。采收蜂王浆的方法有多种，通常是用画笔将蜂王浆挖出，装入塑料瓶，密封，冷冻储藏。有条件的可用真空抽吸装置采收。取完浆，立刻移虫，以免王台里的余浆干固。未接受的王台，用小刀清理干净，涂上一薄层蜂王浆，再移虫。

6. 蜂王浆的保存　在采收蜂王浆的过程中，应注意保持清洁卫生。切割王台加高部分时，防止将幼虫割破，避免幼虫体液浆混入蜂王浆，导致蜂王浆变质。夹取幼虫时，不要把幼虫弄破，并要防止蜡屑落入蜂王浆里。要用食品塑料瓶或者棕色玻璃瓶盛装蜂王浆，放于冰箱中临时保存。如果没有冷藏设备，当天取浆当天送交收购部门。离收购部门较远的，可将蜂王浆容器密封，外加塑料袋扎上口，放入水桶内，吊在水井中离水面30厘米左右，可临时保存几天。较长时期储藏蜂王浆应放于－18℃的冷库中。

7. 蜂王幼虫的利用　在采收蜂王浆时，将蜂王幼虫收集起来，另外装瓶，冷冻保存。蜂王幼虫组织中含有蛋白质、氨基酸、维生素、酶、微量元素和激素等活性物质，与蜂王浆的成分相似，但含有较多的维生素 D。蜂王幼虫对促进食欲、镇静安眠、消除关节炎症、加强造血机能、增强机体的抗病力等有一定作用，并且对放射疗法和化学疗法引起的白细胞减少症的恢复有辅助作用。蜂王幼虫也可加入 1～5 倍的白酒中，作日常饮用。

（四）蜂花粉的生产

蜂花粉是蜜蜂从粉源植物的花朵雄蕊上采集并携带归巢的植物雄性配子，是蜜蜂的主要食物之一，是蜜蜂所需蛋白质和维生素的来源，也是蜜蜂制造蜂王浆的主要原料。

蜂花粉中含有大量蛋白质、氨基酸和丰富的维生素、酶类等。它既可以作为营养食品，又可制成医疗保健药品。具有促进新陈代谢，强壮身体，增强精力的作用。能医治肠功能紊乱引起的便秘，对腹泻、肠炎、肝炎、前列腺炎和神经衰弱都有很好的疗效。花粉中的芳香苷具有增强毛细血管壁的作用，可以防治脑溢血、视网膜出血和心血管疾病等。

1. 采收工具　采集蜂花粉需使用花粉截留器（脱粉器）。

（1）巢门脱粉器　这是一种装在巢门前的脱粉器，由具有孔洞的脱粉片或者栅网和集粉盒组成。塑料花粉截留器由外壳、脱粉孔主板和副板、落粉板、集粉盒等部件装配而成。脱粉孔孔径为 5.0～5.1 毫米，孔间中心距 66 毫米。它的特点是脱下的花粉团直接落入集粉盒中，易于收集，花粉洁净。

（2）箱底脱粉器　用于活动箱底蜂箱，装在箱身下，归巢蜜蜂通过脱粉板，花粉团即被截留。这种脱粉器截留面积大，不会造成蜜蜂拥挤。但体积较大，携带不便，适用于定地蜂场。

2. 花粉的收集和贮存　在粉源充足时，蜂群巢内已经采集储备了花粉以后，即可在巢门前安装脱粉器。掌握在蜂群一天中采集最多的时间进行，每群蜂每天可收集 50～100 克。

新采收的花粉，一般含水分较多，放置在常温下易受霉菌感染，发霉变质。因此，收集到的花粉要及时脱水干燥，使含水量不超过 2%～5%。花粉干燥的方法有多种，其效果也不一样。一般置于恒温干燥箱内，在 43～49 ℃条件下烘干，效果较好。但我们现在大部分蜂场收集的花粉，都是利用太阳自然晒干或利用炉火高温烘焙。利用日晒干燥是将蜂花粉均匀摊放在竹圃席子、白布或者白纸上，厚约 10 毫米，上面再铺一层白布，置日光下晒，傍晚收起。晒 3～5 日，花粉团呈硬颗粒状，用手捏不碎即可。加热烘干是在土炕的炕席上铺上布，摊放一层 10～20 毫米厚的花粉，加热烘干。另外，还有化学干燥和远红外干燥。

为保证花粉的质量，可将干燥后的花粉装入比较厚的纸袋里，外加塑料袋密封，并标明包装日期及花粉种类，贮存在 2～4 ℃的冷库内，并保持干燥。

没有冷藏条件的地方，也可将新采集的花粉，去掉杂质，不经脱水，每千克花粉混合 0.5 千克白砂糖，装在容器中压实，上面再加 3～5 厘米厚的砂糖，然后把口封严。这样，可在普通的室温条件下贮藏较长时间，并仍保持柔软、不干燥。这种花粉可直接制成花粉糖饼，或与其他代用品混合，调制成花粉补充饲料。

（五）蜂胶的生产

蜂胶是工蜂从某些种类植物的幼芽或树皮上采集的树胶或树脂，并混入了蜜蜂的唾液和蜂蜡。蜜蜂用它来填补蜂箱的裂缝、孔洞、缩小巢门，磨光巢房内壁，加固巢脾，有时还用蜂胶把它们蜇死的入侵物封盖起来。

蜂胶是有黏性的、黄褐色或者灰褐色的固体，也有的呈暗绿色，有树脂香味，微苦；熔点为 65 ℃，低温下变硬、变脆；36 ℃以上时软化成可塑物质。蜂胶可部分溶于乙醇，易溶于苯、乙醚和丙酮等有机溶剂。其中含有黄酮、黄烷酮、查耳酮、芳香酸及其酯以及萜类化合物，它们具有生物学和药理活性。

蜂胶是养蜂生产中近年被开发利用的一种新产品。蜂胶具有广谱杀菌和抑病毒的作用，能增进机体免疫功能，软化角质以及降低血脂等。随着现代科学技术的发展，蜂胶在医疗卫生、日用化妆品工业以及农艺植保、畜牧兽医等各领域的应用越来越广泛。

1. 采胶工具 采集蜂胶不得使用金属用具，也不能用金属容器储存蜂胶，以免其中含有超量的铅，不适于医疗上应用。采胶可使用塑料纱或者尼龙纱、粗白布盖在蜂箱上。为增加集胶量，可用数根 2～3 毫米粗的木棍垫在框梁上。也可以用竹丝制造与隔王板相似的集胶板，竹丝间距离 2～3 毫米。在巢框上梁上控数道浅槽，也可以集胶。

2. 采收和贮藏 于晴暖无风天气，在阳光下将带胶的纱或布胶面朝上平摊在洁净的木板上，用竹刮刀刮取蜂胶。也可将带胶塑料纱或尼龙纱冷冻，使蜂胶硬脆，然后用木棒敲打，使蜂胶脱落。将采收的蜂胶装入食品塑料袋，密封，放于冷凉干燥处储藏。

（六）蜂毒的生产

蜂毒是工蜂的毒腺分泌物，平时储藏在毒囊里，刺蜇时从蜇针排出。蜇针有倒沟，刺到敌体上时，蜇针连同毒囊从蜂体拔出，在神经作用下，蜇针继续深入，毒囊收缩将毒液排入敌体。刚出房的工蜂只有很少的毒液，随着日龄的增长，毒液量增加，约到 18 日龄时，1 只工蜂的毒囊里约有 0.3 毫克毒液，以后不再增加。

蜂毒是一种淡黄色透明液体，味苦，具有特殊香味，酸性，易溶于水和酸，不溶于醇。蜂毒含有多种生物学和药理学活性物质，成分复杂，主要有蜂毒多肽、蜂毒酶类、生物胺类等。

蜂毒具有抗菌、消炎、镇痛、降血压和抗辐射的作用。蜂毒能抑制 20 多种细菌。蜂毒是治疗关节炎、风湿症的天然药物。个别人对蜂毒过敏。

1. 采集蜂毒的工具　采集蜂毒有水洗蜂毒、薄膜取毒和电取蜂毒等多种方法。水洗方法是将蜜蜂抖入容器，加入乙醚使蜜蜂麻醉排毒，然后用水冲洗。在蜜蜂麻醉时，部分蜜蜂常吐出蜂蜜，所采集的蜂毒不纯。薄膜取毒是在装满油的玻璃瓶上蒙上皮膜，夹取蜜蜂向膜上刺蜇，毒液排入油内，蜜蜂死亡。电刺激蜜蜂排毒，蜂毒的质量纯净、剂量准确，对蜜蜂的伤害也比较轻，是普遍采用的方法。

2. 蜂毒的采集　采集蜂毒宜在流蜜期刚刚结束，气温在 15℃以上时进行，采用饲料充足的强群作为取毒群。取毒器可反盖在巢箱的框梁上或从巢门挡平插蜂箱中，每群一次取毒 5 分钟左右。取蜂毒后，将平板玻璃取下，置于室内晾干，在放大镜下计数，1 个明亮的晶点是 1 个蜂毒单位。然后用刀片将蜂毒刮下，装入玻璃瓶，密封。

（七）雄蜂虫蛹的生产

雄蜂虫蛹在我国是 20 世纪 80 年代后期新开发的蜜蜂产品，由于它具有丰富的营养，既可以作为营养食品，又有医疗作用，还可以用于培养某些昆虫，有广阔的开发前景。作为产品，雄蜂幼虫是指 7～10 日龄的幼虫，雄蜂蛹是指 20～22 日龄的蛹。

雄蜂虫蛹中含有 17 种氨基酸，其中人体必需的 8 种氨基酸含量相当高，此外还含有钾、钠、磷、钙、镁等多种无机盐。

雄蜂虫蛹经过盐渍或者熏制可制作罐头食品，雄蜂蛹经过冷冻干燥制成干粉，是饲养瓢虫、草蛉等有益昆虫的优质高蛋白饲料。雄蜂幼虫制成的药品，治疗成年人神经官能症和儿童智力障碍，都有较好的效果。也适用于身体虚弱、营养不良、病后和手术后及婴儿、老年人食用。

1. 生产工具　生产雄蜂虫蛹需用雄蜂巢础修造的雄蜂脾，薄而锋利的割盖刀、空气压缩机或者水压机。

空气压缩机或水压机是用来采收 7～9 日龄的雄蜂幼虫，以高压空气或水流将幼虫从巢房中取出来。

以整张的雄蜂脾供给蜂群，让蜂王产出未受精卵，可培养出日龄比较一致的雄蜂虫蛹，提高生产效率。

2. 生产条件和方法　生产雄蜂虫蛹需要没有病虫害的蜂群、丰富的蜜源以及控制蜂王的产卵。

（1）强壮蜂群　越冬群经过恢复发展时期，进入强盛时期以后，蜂王很自然地会产未受精卵。这时选择 15 框蜂以上的强壮蜂群作为哺育群，开始生产雄蜂虫蛹。

（2）无病虫害　细菌性幼虫病和白垩病都会使蜂群迅速削弱，不利于生产，春季应进行预防性治疗。蜂螨偏爱寄生在雄蜂幼虫体上，吸食其营养，影响产量，而且寄生在雄蜂虫蛹上的蜂螨，在加工时很难除净，严重影响产品的质量，必须在早春彻底治螨。

（3）蜜粉源充足　雄蜂幼虫的饲料消耗多，如果蜜粉源缺乏，特别是在缺乏花粉时，蜜蜂往往不饲喂部分雄蜂幼虫。因此，必须保证巢内饲料充足，必要时进行奖励饲喂。

（4）选择蜂王　老蜂王产未受精卵比较多，可以用来专门生产雄蜂卵。还可以利用部分处女王产卵，它们产的完全是雄性卵。当它们把脾产满后，提到强群中去哺育。

3. 采收方法

（1）7～8 日龄的雄蜂幼虫　此时虫体比较小，体重60～100毫克，幼虫平卧在巢房底部，其巢房尚未被封上蜡盖，可采用高速气流或者水流将其吹出。首先把雄蜂幼虫脾固定在一个适当的架子上，下面放一个盛幼虫的盘子。操作时，一手握住橡胶管的开口，另一手掌握锥形玻璃喷嘴对准有幼虫的巢房，使其与巢脾保持 6～8 厘米的距离，将幼虫从巢房里吹出（气流速约 3.6 米/分）。此法采收效率高，无污染，虫体完整，适合大规模生产。

（2）10 日龄雄蜂幼虫　此时营养价值高，虫体几乎占据整个巢房，用高速气流不能将它们吹出，用镊子夹容易夹破虫体，而且效率低。目前还没有理想的采收方法，资料表明，将 9 日龄的雄蜂幼虫脾放置在室温下，幼虫能自己爬出巢房。

（3）20～22 日龄雄蜂蛹　此时虫体附肢已发育完全，复眼呈浅蓝色，将封盖的雄蜂蛹脾平端着，用硬木棒敲打框梁四周，使雄蜂蛹震落到房底，与房盖脱离。用锋利的刀割去房盖，翻转巢脾使割开的房盖朝下，用木棒敲打四周框梁，将雄蜂蛹震落到纱布上。敲打时，上面的虫蛹受到震动又落到房底，按前法割去另一面的房盖，收集雄蜂蛹。少数掉不下来的蛹，用镊子夹出。

4. 雄蜂虫蛹的加工　雄蜂虫蛹含有大量的生物活性物质，采收的虫蛹暴露在空气中，其体内的酪氨酸酶活性加强，短时间内幼虫就会腐败变质，颜色变黑，丧失营养价值。应首先把破损的虫蛹挑出，然后进行粗加工。有以下几种方法。

第一种，新鲜雄蜂虫蛹用净水冲洗干净，倒入 15%～20% 的盐水中煮沸，旺水煮沸至虫体浮起，及时捞出，离心脱水，晾干，装入双层塑料袋密封。

第二种，将雄蜂虫蛹放在纱布上，放入蒸屉内旺火蒸 10 分钟，使酪氨酸酶失活、蛋白质凝固，然后烘干或者晒干（盖上纱罩防蝇）。干透的雄蜂虫蛹装入塑料袋，密封。

第三种，将洗净的雄蜂虫蛹，泡在 30％酒精里装瓶，密封，可储存 7 日不变色。

第四种，将雄蜂幼虫冲洗干净，用打浆机打成匀浆，过滤除去虫皮杂质，放入真空冷冻干燥机制成冻干粉，装袋，密封，在常温下可储藏 6 个月。

经过上述粗加工的雄蜂虫蛹，可由工厂进一步加工成食品或者药品。

六、蜜蜂病敌害的基本常识

(一) 病敌害概况

蜜蜂保护是应用化学方法、物理方法、生物技术及抗虫抗病育种等技术来防治蜜蜂螨害、虫害、病害及其他有害生物和非生物因素，保护蜂业生产的一门科学。蜜蜂和其他生物一样，在外界环境不适的情况下，容易感染各种疾病，遭受各种敌害的侵袭，若与毒品接触则容易发生中毒现象。这些病害、敌害和毒害，轻者影响到蜜蜂体质和群势，降低蜂产品的产量，重者对蜂群甚至对整个蜂场造成灭顶之灾。尤其是一些传染性病害和敌害，影响面更大，损失更重。因为我国大多数蜂农都是转地放蜂，再加上蜂产品的任意流通、蜂王的长距离邮购等因素，蜜蜂的传染性病害和敌害很容易迅速扩散。我国蜂业史上曾经历过多次病敌害的流行，比如，1929—1930 年美洲幼虫腐臭病的出现，1957—1960 年蜂螨的大猖獗，1971—1973 年囊状幼虫病的大暴发，1984—1990 年蜜蜂螺原体病的大流行以及由病毒引起的爬蜂病大泛滥。这些事件曾给我国蜂业发展带来很大的打击，与此同时，广大科技人员和养蜂爱好者也与蜜蜂病敌害展开了激烈的斗争，并一次次取得胜利，从而积累了无数宝贵经验和丰富的知识。

蜜蜂病害可分为两大类：一类是由各种病原菌和寄生虫引起的传染性病害；另一类是由各种不良因子引起的病害及毒物引起的中毒现象。蜜蜂敌害主要有两栖类、昆虫类、鸟类、兽类及其他生物，其危害相对较小。

蜜蜂是完全变态昆虫，它的发育需经过卵、幼虫、蛹、成虫四个阶段，各个阶段的发育期都很短。不论哪个阶段患了病，再好的治疗方法，再好的药物，也会使本阶段的发育受到损害。特别是一些传染病，来势猛，传播快。一旦发病则难以根治，损失就更惨重。因此，蜜蜂的病敌害防治工作应该以预防为主。

(二) 蜜蜂病害的分类

1. 蜜蜂病害的特点及症状　蜜蜂是营群体生活的社会性昆虫，三型蜂都不适宜离开蜂群单独生存。因此，蜜蜂的疾病也是对整个蜂群而言的，在蜂群的三型蜂中，任何一型蜂发病都会导致蜂群停止发展，都可以认为是整个蜂群发病。

蜜蜂个体很小，结构简单，蜜蜂患病后的症状往往也缺乏特异性，因此诊断价值不高。我们常见的症状有以下几种。

(1) 腐烂　当蜜蜂的组织受到病原体的寄生而受到损害，或者其他非生物因素使蜜蜂致死时，蜜蜂的组织细胞分解、腐烂。引起蜜蜂组织细胞腐烂的病原体有细菌、真菌、病毒和螨类等；非生物因素有冻害、食物中毒等。

(2) 变色　蜜蜂患病后，不论虫态、虫龄或是病原的种类，病蜂的体色均发生变化。通常由明亮变成暗涩，由浅色变为深色。患病幼虫体色亦由明亮有光泽的白色变成苍白，继而转黄，最终成为黑色。

(3) 爬蜂　无论是生物因素或非生物因素引起蜜蜂患病，由于蜜蜂机体虚弱或由于病原体损害神经系统，均可以看到大量病蜂在巢箱底部或巢箱外爬行。

(4) 畸形　常见的蜜蜂畸形有螨害及高、低温引起的卷翅、缺翅，各种原因引起的腹胀。

(5) "花子"和"穿孔"　这是蜜蜂独有的症状。正常子脾同一面上，虫龄整齐，封盖一致，无孔洞。当患病蜂被内勤蜂清除出巢房时，无病的幼虫照常发育，蜂王又在清除后的空房内产卵或空房。造成在同一脾面上，健康的封盖子、空巢房、卵房和日龄不一的幼虫房相间排列的状态称为"花子"。"穿孔"是指蜜蜂子脾房封盖，由于患病后房内虫、蛹的死亡，内勤蜂啃咬房盖而造成房盖上出现小孔。

注意观察蜜蜂病害的症状，有助于蜂病的诊断。

2. 蜜蜂病害的种类及病原特点 蜜蜂的病害可分为由生物因素引起的传染性病害、寄生虫性病害和由非生物因素引起的非传染性病害。在生物因素引起的病害中虽然寄生虫病也能在蜂群中传播，但流行的范围和速度不及传染病严重，危害也较传染病小。由此可见，在蜜蜂的病害中对蜂群和养蜂业威胁最大的是传染病。

（1）传染性病害的病原

① 病原概述 引起传染性病害的病原称为病原微生物，其中引起蜜蜂传染病的病原微生物主要有非细胞型微生物——病毒、原核细胞型微生物——细菌、真核细胞型微生物——真菌。

细菌：是一种具有细胞壁的单细胞生物，属于原核细胞型生物，仅有原始细胞核，无核膜。细菌个体很小，通常以微米（μm）作测量单位（1mm＝1 000μm），细菌需用光学显微镜放大几百倍以上才能看到。细菌的基本形态有 3 种：球菌、杆菌和螺形菌。根据细菌对氧的需求可分为需氧菌、厌氧菌和兼性厌氧菌。细菌的繁殖方式是简单的裂殖。除了基本结构外，有些细菌还有特殊结构。例如，①荚膜是细菌细胞壁外面产生的一种黏液样的物质，包围整个菌体。在动物体内荚膜可以保护细菌抵抗动物细胞的吞噬，在外界环境中荚膜可以保护细胞免受干燥和其他有害环境因素影响。②鞭毛是突出于菌体表面的细长丝状物，它是细菌的运动器官，无鞭毛的细菌不能运动。③芽孢，有些细菌在生长发育的某一阶段，可以在菌体内形成一个内生孢子称为芽孢。带有芽孢的菌体称为芽孢体，未形成芽孢的菌体称为繁殖体或营养体，细菌常在旺盛生长之后形成芽孢。细菌芽孢对外界不良理化条件比其繁殖体有坚强得多的抵抗力，特别能耐受高温、干燥和渗透压的作用，一般化学药品也不易渗透进去。一旦遇到适宜的生长条件，芽孢便萌发出芽，长出新的繁殖体。

由于细菌细胞壁结构的不同，可以用革兰氏染色法将菌体染成紫色的革兰氏阳性菌和红色的革兰氏阴性菌，该染色特性常作为治疗用药的根据，细菌对抗生素和磺胺类药物敏感。

病毒：与其他微生物不同，病毒是没有细胞结构的微生物。由于它的结构非常简单，所以病毒无法在外界环境中或人工培养基上生长，必须寄生于人、动物、植物或其他微生物的细胞内，在其中生长、繁殖并释放，同时使宿主的组织细胞损伤、破坏，引起宿主发病。

病毒体积极小，能通过滤过器。用以测量病毒大小的单位是纳米（nm），绝大多数病毒的大小在 150nm 以下，用普通光学显微镜无法观察到，必须应用电子显微镜放大数千至数万倍才能看到。

蜜蜂的许多传染病都是病毒引起的，病毒病具有传染性强、死亡率高的特点。但是目前还缺乏确切、有效的防治病毒病的化学药物，已知一些中草药制剂具有抗病毒功效。

真菌：是一大类单细胞或多细胞的真核微生物。在自然界中分布极广，种类繁多，其中大部分对人和动、植物是有益的，但也有少数真菌可引起人、动物等发病，称为病原性真菌。根据病原性真菌的致病作用可将真菌分为两类，一类是真菌病的病原，即真菌寄生引起发病，例如蜜蜂白垩病的病原。另一类是真菌中毒病的病原，即真菌产生的毒素引起发病。还有少数真菌兼具感染性和产毒性，例如黄曲霉菌。真菌根据其形态特点又可分为酵母菌和霉菌，酵母为单细胞真菌，呈圆形或卵圆形，比细菌大。它和霉菌的主要区别是不形成真正菌丝，但生长旺盛时可形成假菌丝。霉菌是多细胞真菌，由菌丝和孢子两部分组成。由孢子生出的嫩芽逐渐延长形成的丝状物称为菌丝，菌丝继续生长成团称菌丝体。孢子是霉菌的主要繁殖器官，同时孢子的形态是鉴定霉菌的特征。

真菌对热的抵抗力不强，一般在 60～70 ℃加热 1 小时即被杀死；而对干燥、日光、紫外线和化学消毒药物的抵抗力比细菌强。3％石炭酸、5％碘酊及 1％甲醛均可将其杀死。真菌对一般抗生素和磺胺类药物不敏感，但对灰黄霉素、制霉菌素、二性霉素等药物敏感。

② 病原微生物的特性　病原微生物之所以引起蜜蜂患病，是因为它们具有病原性和毒力。病原性是指一定种类的微生物，在一定条件下能在特殊的宿主体内引起致病过程的能力。它是微生物"种"的特征，也就是一种微生物只能引起一定的传染病。例如，蜂房蜜蜂球菌引起蜜蜂幼虫的腐臭病，这就是该菌的病原性。

微生物一定菌株或毒株致病力的大小称为毒力，构成微生物毒力大小的因素有多种。一是侵袭力，即微生物突破宿主机体防卫屏障，侵入宿主活组织，在其中发育繁殖并广为扩散的能力。常见的有病原微生物产生的一些酶类，它们可以造成宿主组织结构的破坏。此外细菌的荚膜具有抗吞噬作用，这些都构成细菌的侵袭力。二是毒素，指微生物产生的特殊毒性物质，它可以大大增强微生物的危害作用。宿主受到这些毒性物质作用后，可以表现综合性症状。毒素可分为外毒素和内毒素两种。外毒素是微生物在生命活动过程中释放或分泌到周围环境中的毒素，内毒素亦为微生物生命活动过程中产生的，但不释放到外界环境中，只有在微生物死亡或细菌自溶时才释放出来。外毒素只对一定的组织和细胞显示毒性，引起症状，而且毒性强。内毒素没有特异性，不论哪种细菌的内毒素都引起动物发热，内毒素的毒性比外毒素小。大多数外毒素不耐热，一般 60～80 ℃加热 10～30 分钟基本被破坏，内毒素对热的抵抗力强，80～100 ℃加热 1 小时才被破坏。

③ 外界环境因素对病原微生物的影响　微生物中大多数是单细胞生物，具有极高的新陈代谢率、繁殖力和适应能力，并且有比其他生物更大的表面积。因此，外界环境对它的影响，较之对其他生物更显著。

温度：是微生物生长发育的重要因素，一般病原微生物适应的温度范围较窄，在29～41 ℃之间。高温对病原微生物有明显的致死作用，细菌的芽孢和真菌的孢子耐高温。大多数细菌对低温不敏感，在其最低生长温度以下时，代谢活动降低到最低水平，繁殖停止，但仍可长时间保持活力。所以细菌菌种在5～10 ℃低温下保存，而细菌和真菌的长期冰冻都会导致死亡。

病毒对低温的抵抗力很强，温度愈低，保存活力的时间愈长，所以毒种的保存必须维持在-20 ℃以下。

干燥：水分对微生物来说，是不可缺少的成分，微生物对干燥的抵抗力虽然很强，但它们不能在干燥条件下繁殖。

辐射：日光是有力的天然杀菌因素，细菌在直射日光下照射半小时至数小时死亡。紫外线的杀菌力很强，但穿透力很弱，很薄的玻片也不能通过，因此，其消毒作用只限于照射物表面。紫外线对病毒也有杀灭作用，但作用时间要比细菌长。

(2) 寄生类病害病原

① 原虫　原生动物为单细胞真核生物的总称，寄生虫学上称为原虫。常见的引起蜜蜂原虫病的病原体为微孢子虫，微孢子虫多经口感染，寄生于宿主肠壁细胞的细胞质中。孢子虫在细胞内生长、繁殖，最终充满整个细胞，使其破裂，释放出孢子再重新进入健康细胞。由于孢子虫的寄生使蜜蜂肠道遭到损害，最终造成蜜蜂死亡。

② 蜜蜂的其他寄生虫病病原　寄生性昆虫很少对蜜蜂造成直接损害，大多是寄生造成宿主营养不良的间接影响，例如蜜蜂的螨病。此外，蜜蜂的寄生虫还有线虫等。

(3) 非传染性病害的病原　这类传染病无传染性，其特点是发生的相对集中、突然，但无扩散趋势。常见的有食物中毒、农药中毒、不适宜的环境因素、不良的饲养管理以及遗传病等。

（三）蜜蜂传染病发生发展的规律

1. 传染和传染病的概念　病原微生物侵入蜜蜂机体，并在一定的部位定居、生长繁殖，从而引起蜜蜂一系列的病理反应，这个过程称为感染。病原微生物在其物种进化过程中形成了以其种动物的某些部位作为生长繁殖的场所，过寄生生活，并不断从一个寄生个体侵入另一个寄生个体，也就是所说的不断传播，这样其物种才能保持下来，否则就会被消灭。而蜜蜂为了自卫形成了各种防御机能以对抗病原微生物的侵入。在传染过程中，根据双方力量的对比而表现不同的形势。

当病原微生物具有相当的毒力和数量，而蜜蜂的抵抗力相对较弱时，蜜蜂表现一定的症状，这个过程就称为显性传染。如果侵入的病原微生物定居在一定部位，虽进行一定程度的生长繁殖，但动物不呈现任何症状，即蜜蜂与病原体之间的斗争处于相对平衡状态，这种状态称为隐性传染（图6-1）。处于这种状态下的蜜蜂称为带菌者。动物对某一病原微生物没有抵抗力称为有易感性，同时这种动物就是该种传染病的易感动物。例如，蜜蜂幼虫是欧洲幼虫腐臭病的易感动物。病原微生物只有侵入易感动

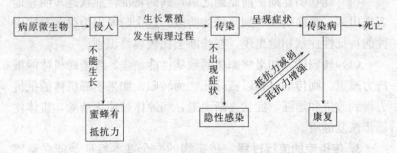

图6-1　病原微生物和宿主相互斗争示意图

物机体才会引起传染过程。

凡是由病原微生物引起，具有一定的潜伏期和临床表现，并具有传染性的疾病，称为传染病。

2. 传染病的发展阶段 传染病的发展过程在大多数情况下可以分为潜伏期、前驱期、症状明显期和转归四个阶段。

（1）潜伏期 由病原体侵入机体并进行繁殖时开始，直到疾病的临床症状出现为止，这段时间称为潜伏期。不同的传染病其潜伏期的长短常常是不相同的，同一种传染病的潜伏期长短有时也有差异，但相对来说有一定的规律性。例如，欧洲幼虫腐臭病的潜伏期为 2～3 天。潜伏期的长短与病原体的种类、数量、毒力和侵入途径、寄生部位都有关系。一般来说，急性传染病的潜伏期差异范围较小。慢性传染病以及症状不很显著的传染病其潜伏期差异较大，常不规则。同一种传染病潜伏期短促时，疾病经过常较严重。反之，潜伏期延长时，病程亦常较轻缓。从流行病学的观点看来，处于潜伏期中的蜜蜂之所以值得注意，主要是因为它们可能是传染来源。

（2）前驱期 是疾病的征兆阶段，其特点是临床症状开始表现出来，但该病的特征性症状仍不明显。例如，蜜蜂表现烦躁不安，采集能力下降等。各种传染病的前驱期长短不一，有时只有几小时。

（3）症状明显期 前驱期之后，病的特征性症状逐步明显地表现出来，是疾病发展到高峰的阶段。这个阶段因为很多有代表性的特征性症状相继出现，在诊断上比较容易识别。

（4）转归期 如果病原体的致病性能增强，或蜜蜂机体的抵抗力减退，则传染过程以蜜蜂死亡为转归。如果蜜蜂机体的抵抗力得到改进和增强，症状逐渐消退，病原体被消灭清除，机体便逐步恢复健康。

3. 传染病的流行过程 传染病的一个基本特征是能在易感动物之间（例如蜜蜂个体之间），通过直接接触传染或间接地通过媒介物互相传染，构成流行（图6-2）。

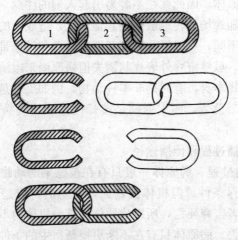

图6-2　传染病流行过程中三个基本环节的联系示意图
1.传染源（被感染的动物）　2.传播媒介　3.易感动物

　　一个传染病要想在蜂群内或蜂群间传播，必须具备传染源、传播途径和易感的蜜蜂群三个环节，倘若缺少任何一个环节，新的传染就不可能发生，也不可能构成传染病在蜂群中的流行。同样的，当流行已经形成时，若切断任何一个环节，流行即告终止。因此，了解传染病流行过程的特点，从中找出规律性的东西，就能够采取相应的方法和措施，杜绝或中断传染病的流行。

　　（1）传染源　传染源是指某种传染病的病原体在其中寄居、生长繁殖，并能排出体外的动物机体。具体讲传染源就是受感染的动物，包括患传染病的病蜂和带菌（毒）的蜜蜂。传染源的特征是病原体不仅可在其中栖居繁殖，而且还能持续排出。至于被病原体污染的各种外界环境因素（各种蜂具、饲料、水源等），由于缺乏恒定的温度、湿度、酸碱度和营养物质，不适于病原体较长期的生存、繁殖，亦不能持续排出病原体，因此都不能认为是传染源，而应称为传播媒介。在传染源中带菌动物是最危险的传染源。它们表面上无临床症状，但体内有病原体存在，并能繁殖和排出病原体，因此往往不容易引起人们的注意。如果检疫不严，还可以随蜂场的转地散播到其他地区，造成新的传播。根据带菌的性质不同，一般可分为恢复期带菌者和健康带菌者。在传染病恢复期，虽然蜜蜂外表症状消失但病原尚未肃清。健康带菌者有时是蜜蜂本身，有时是非本种动物，例如工蜂是囊状幼虫病病毒的健康带菌者，而大蜂螨是蜜蜂慢性麻痹病病毒的健康带毒者。

（2）传播过程和传播途径

① 传播过程　病原体一般只有在被感染的动物体内才能获得最好的生存条件。但机体被病原体寄生后，或是将病原体消灭、清除或者蜜蜂死亡，所以病原体在某一机体内不能无限期地栖居繁殖下去。病原体只有在不断更换新宿主的条件下，才能保持种的延续。这种宿主机体间的交换，就是病原体的传播过程（图6-3）。

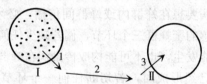

图6-3　病原体传播机制略图

Ⅰ. 病蜂　Ⅱ. 健蜂

1. 病原体由蜂体内排出　2. 病原体停留在外界环境中

3. 病原体侵入新的易感蜜蜂

各种传染病的病原体以一定方式，经过一定的部位而侵入机体的一定组织器官，这就是病原体的定位地点，病原体在机体内的定位不同，决定了病原体的不同排出途径，也决定了其停留在不同的外界环境。反过来讲，病原体停留在不同环境，也就决定其侵入新寄主的不同门户，影响了该病原体的定位，传播过程的这种特异性是病原体种的特性之一。例如蜜蜂副伤寒病，主要是由于蜜蜂吃了含有病菌的饲料或采集被副伤寒杆菌污染的水源，经消化道感染。副伤寒杆菌主要寄居于蜜蜂的肠道，并在那里生长繁殖，破坏蜜蜂肠道的正常结构与功能，引起蜜蜂卜痢。大量副伤寒杆菌又随病蜂的粪便排出体外，污染饲料和周围环境，病尸等杂物污染土壤，病原体随风刮入附近的水源，使水源也受到污染。当健康蜂食入污染的饲料和采集被污染的水源时，就造成了又一轮的传播。

外界环境多不适于病原体的生存，排到体外的大量病原体如没有侵入新宿主的机会即趋于死亡。除某些能形成芽孢的细菌（例如美洲幼虫腐臭病的病原幼虫芽孢杆菌）以休眠状态的芽孢长期生存外，一般病原微生物在外界的生存期不过数小时到几个月。外界环境的干燥、阳光、机械损伤等制约因素，温度、酸碱度的不适以及自然界固有的腐生菌对病原菌的颉颃和破坏等都对病原微生物生存影响很大。外界环境对病原微生物的破坏作用，称为自然界的自净作用。

② 传播途径　病原体由传染源排出后，经一定的方式再侵入其他蜜蜂所经的途径称为传播途径。了解传染病传播途径的目的在于切断病原体继续传播的途径，防止其他蜂群感染。

在传播方式上可分为直接接触和间接接触传播两种。

直接接触传播是在没有任何外界因素的参与下，病原体通过被感染的蜜蜂与健康蜜蜂直接接触而引起的传播方式。例如，蜜蜂有分食的习惯，在分食的过程中通过口器的相互接触，病蜂就将细菌或病毒传递给健康蜜蜂。蜂巢拥挤时，蜜蜂通过体表的相互接触，有些病毒或细菌可以通过伤口进入健康蜜蜂体内。

间接接触传播。必须在外界环境因素的参与下，病原体通过传播媒介使蜜蜂发生感染的方式，称为间接接触传播。大部分的传染病是通过间接接触传播的。间接接触一般通过以下几种途径来实现。

经空气传播：从传染源排出的分泌物、排泄物和处理不当的病死蜂尸散布在外界环境的病原体附着物，经干燥后，由于空气流动冲击，使带有病原体的尘埃在空气中飘扬，特别是一些真菌孢子、污染土壤、水源、蜂具等或污染蜜蜂体表。潮湿、阴暗、通风不良等可以延长病原体存活的时间。采用这种方式，病原体可以从一个地区转移到另一个地区。

经污染的饲料和水传播：蜜蜂大部分的病毒或细菌传染病都是经口和肠道感染的。病蜂的分泌物、排泄物和蜂尸可以通过各种途径污染饲料和水源，引起传染病的传播。

经污染的土壤传播：病蜂的分泌物、排泄物及病尸等污染蜂场的土壤，而其中的一些病原体例如能形成芽孢的细菌或是真菌孢子，能够在土壤中长期生存。一旦外界条件适合，就会造成蜂群发病。

经活的媒介物而传播：非本种昆虫和人类也可能作为传播媒介，传播蜜蜂的传染病。例如管理人员不注意遵守防疫卫生制度，消毒不严格；病、健蜂共同采集同一水源和蜜粉源；不恰当的合并蜂群、介绍蜂王、王台；病、健蜂互调子脾、蜜粉脾，混用蜂具等，都会引起传染病在群间传播。

大、小蜂螨和危害蜜蜂的其他侵袭性昆虫，它们可以是病毒、细菌和真菌的机械携带者，通过在蜂群中寄生，造成病原体的传播；它们还可以通过飞行，在短时间内将病原体转移到很远地方的蜂群中去。除此之外，有些侵袭性昆虫本身就是某种病原体的健康带菌（毒）者，例如大蜂螨是蜜蜂慢性麻痹病病毒的健康带毒者，在刺入蜜蜂体的过程中，螨将病毒输入蜜蜂的体腔。值得注意的是，巢虫、蟑螂、老鼠等都是病原体的传播者。

（3）蜂群的易感性　易感性是抵抗力的反面，指蜜蜂对于某种传染病病原体感受性的大小。某地区蜂群中易感蜂群所占的百分率和易感性的高低，直接影响到传染病是否能流行以及传染病发生的严重程度。蜂群易感性的高低与很多因素有关。

① 蜂群的内在因素　不同种的蜜蜂对于同一病原体的表现

有很大的差异，这是遗传性决定的。例如，东方蜜蜂的抗螨力强，但抗巢虫和抗囊状幼虫病的能力比西方蜜蜂差，感染意蜂的美洲幼虫腐臭病的病原——幼虫芽孢杆菌，至今尚未发现感染中蜂的报道。

不同品系的蜜蜂对传染病的抵抗力也有差别，例如在西方蜜蜂中，黄色蜂种的意大利种蜂王繁殖的蜂群易感染白垩病，而黑色蜂种的喀尔巴阡种蜂王繁殖的蜂群抗白垩病的能力强。

抗病性与蜜蜂的虫龄、发育期也有很大关系。蜜蜂的几种幼虫病的病原，感染幼虫的虫龄是不一样的，而且不会感染成年蜂。蜜蜂的孢子虫病、麻痹病等只感染成年蜂，未见幼虫表现症状。

② 影响蜂群的外界因素　各种饲养管理因素例如：饲料质量、数量、蜂场卫生、蜜粉源条件等，都是非常重要的疾病要素。蜂群群势强、蜜足、王新的蜜蜂群体，通常抗病性较强，反之就降低。

③ 蜂群的免疫状态　当某一疾病流行时，蜂群中易感性最高的个体易于死亡，余下的蜜蜂耐过。所以在发生流行之后该地区蜂群的易感性降低，疾病停止流行。

当传染病发生时并不要求每个蜂群或蜂群中的每只蜜蜂都具有抵抗力。具有抵抗力的蜜蜂的百分率越高，引进病原体后出现疾病的危险性就越小，蜂群中可能只有少数散发的病例。一般如果一个蜂群中有 70%～80% 的蜜蜂有抵抗力或一个蜂场中有 70%～80% 的蜂群有抵抗力，就不会发生大规模的流行。当蜂场重新引进易感蜂群时，整个蜂场蜂群的抗病水平出现了变化。随着易感蜜蜂数量增加，容易引起新的流行。

4. 传染病流行过程的特征

（1）流行过程的表现形式　在传染病的流行过程中，根据一定时间内发病率的高低和传播范围的大小，可区分为下列四种表现形式。

① 散发性 发病数目不多，在较长的时间里只有个别的、零星散布发生，称为散发。传染病散发的原因可能是：蜂群本身抗病能力强；该病的隐性感染比例较大，仅有一部分动物表现症状；该病的传播需要一定的条件。例如，引起蜜蜂白垩病的蜂球囊菌需要在多湿的条件下萌发生长，因此，比较干燥、少雨的季节，该病表现散发。

② 地方流行性 一般认为有两方面的含义，一方面表示在一定地区、一个较长的时间里发病的数量稍微超过散发性；另一方面表示该病的发生有一定的区域性。例如，东北地区气候寒冷，蜂群越冬期长，所以蜜蜂副伤寒病常在该地区呈地方性流行。

③ 流行性 所谓发生流行是指在一定时间内一定蜂群出现比寻常多的病例，它没有一个数的界限，而仅仅是指疾病发生频率较高。因此，任何一种病当其称为流行时，各地蜂群的发病数是很不一致的。某种传染病在一定地区范围内，短时间内突然出现很多病例，可称为暴发。

④ 大流行 是指规模非常大的流行，流行范围可扩大至全国，甚至可涉及几个国家或整个大陆。

上述几种流行形式之间没有严格的界限，而且可以互相转化。因此，当发现散发的传染病时，绝不要掉以轻心，而要尽快地将其控制和消灭。

（2）流行过程的季节性和周期性 传染病的发生常表现一定的季节性，出现季节性主要有以下几方面的原因。

① 季节对病原体在外界环境中存在的影响 夏季气温高，日照时间长，这对抵抗力较弱的病原体在外界环境中的存活不利。而高温多雨的季节，有利于真菌的生长、繁殖，蜜蜂容易患真菌病。作为蜜蜂"五月病"病原体的植物螺原体对蜜蜂有致病性，植物开花期它存在于花朵表面，蜜蜂采集花粉、花蜜时，食入了螺原体，就引起死亡。

② 季节对活的传播媒介的影响　每年从春季天气转暖开始，一直到秋凉，蜜蜂的各种敌害如巢虫、蟑螂、老鼠等活动频繁，凡是由它们传播的疾病，都较易发生。

③ 季节对蜜蜂活动和抵抗力的影响　冬季巢内温度过低而湿度过高、饲料不足或是夏秋季节多雨等都会降低蜂群的抵抗力而诱发各种传染病。

一般传染病在经过一定的间隔时期后，就会表现再度流行，这种现象称为传染病的周期性。蜜蜂由于其世代交替快、蜂群的流动性又比较大，所以周期性一般不太明显。

蜜蜂传染病流行过程的季节性或周期性不是不可改变的。只要我们加强调查研究，掌握它们的特性和规律；加强防疫卫生、消毒、杀虫工作；改善饲养管理，增强蜂群本身的抗病能力，就可以有效地控制传染病的发生。

（四）蜜蜂病害防治

在进行蜜蜂病害的防治工作之前，首先要明确其病害发生的原因、发生的过程以及各种环境因素对蜜蜂个体和群体发病的影响。不同类型的疾病，采用不同类型的防治方法。蜜蜂的非传染性疾病是由不适宜的环境条件或采集毒物等引起的，所以防治方法主要是改善环境条件，避免或减轻危害。而传染性病害则应抓住传染源、传播途径和易感蜂群三个因素，采取适当的措施，切断造成传染的环节，使传染性疾病不能再继续传播。例如，蜜蜂慢性麻痹病可以通过隔离病群（传染源）、消毒蜂具（传播媒介）和药物治疗的综合措施来解决。总之，蜜蜂病害的防治无论采用何种方法，归纳起来就是保健措施、预防措施和治疗措施三个方面。

1. 保健措施

（1）加强饲养管理　加强对蜂群的饲养管理，创造适合于蜂群生活的良好条件，提高蜂群本身对病害的抵抗力，这是防治蜂病的根本措施。

蜂场要选择在蜜粉源条件好、无工业污染、有清洁水源的地方；同时蜂场的地势要高而干燥、向阳，避免使用低洼、潮湿的场地作蜂场；蜜蜂的饲料要清洁卫生、品质优良，不用霉败的花粉饲喂蜂群；根据季节、气温和群势的变化及时调整蜂巢，防止盗蜂和迷巢蜂，定期更新巢脾，保持蜂群和蜂场的安静。只有这样才能提高蜜蜂健康水平，增强抗病能力，减少各种疾病的发生。

（2）选育抗病品种、品系　不同品种的蜜蜂对传染病和其他疾病的抵抗力不同，即使同一品种的不同蜂群其抗病性也有很大差异。应有计划、有目的地观察各蜂群对疾病的反应，从中选育抗病性强的品种或品系。

（3）遵守卫生条例　在生产管理工作中要遵守卫生条例，讲究卫生，防止传染性病害的传播和交叉感染。

保持蜂场和蜂群内的清洁卫生。经常拔草、清扫场地，蜂胶、蜡屑、赘脾和割除的雄蜂房盖等要随时收集清理。

养蜂员要注意个人卫生，衣服要经常换洗后在阳光下晒晾，管理蜂群前、后要用肥皂洗手。

蜂箱和蜂具要定期清洗消毒，每年春季在陈列蜂群后要立即进行一次换箱和清理，有发霉变质的巢脾应立即更换，破损的蜂箱和蜂具要注意修补、消毒。分蜜机、起刮刀、蜂扫、饲喂器、蜂王笼等物在使用后要洗净并消毒。

蜂场的蜂产品如蜂蜜、蜂蜡、巢脾等应保存于库房中，以免发生盗蜂；库房要定期消毒，保持清洁；物品要分类存放，有病原菌污染的蜂蜜、粉脾等物应单独妥善处理，要消灭蜡螟和鼠类。

不用被病原微生物污染的或来路不明的蜂蜜、花粉做饲料，如急需补充饲喂，可用白糖代替。被病原微生物污染的蜂具未经消毒前，不得使用。被病原微生物污染的巢脾应淘汰化蜡。

平时要注意观察蜂群健康情况，发现蜂群患有传染病时，应立即隔离到离蜂场1～2千米的地方进行治疗，其他蜂群可以预防性给药。引进蜂种或购进蜂群时，应严格检疫。

2. 预防措施

（1）蜜蜂检疫　是指国家有关部门为防止蜜蜂某些危险性疾病传入或传出而采取的一系列防御措施。通常分对内检疫和对外检疫两种。

对内检疫主要包括三个方面。

第一，根据各省、市、自治区所规定的检疫对象，禁止其传入或传出。

第二，对在局部地区已发生的某种危险性疾病划出疫区和保护区，控制其传播蔓延（"疫区"是指某种传染病正在流行的地区；"保护区"是将未发生某种传染病的一定区域）。

第三，一旦发现新的危险性疾病，立即封锁疫区，控制病害。

对内检疫对象，由各省、市、自治区根据本地区蜂群已发现和尚未发现的某些危险性疾病的种类确定。

对外检疫主要包括两个方面的工作。

第一，根据本国所规定的检疫对象，禁止其从其他国家传入。

第二，根据其他国家的要求和规定，禁止本国的某些检疫对象传出。

根据国际上蜜蜂疾病发生的种类和我国尚未发现的疾病种类，检疫部门规定美洲幼虫腐臭病、孢子虫病、武氏蜂盾螨（气管壁虱）、蜂虱及白垩病作为对外检疫对象。

国家法定的行政机构按法定程序行使检疫权，养蜂者应主动申请报告，并配合检疫部门做好工作，主管部门按照有关规定做出相应处理。

2011年农业部颁发的《养蜂管理办法》（试行）中第十九

条、第二十条对蜜蜂检疫做了明确规定。规定指出：蜂群自原驻地和最远蜜粉源地起运前，养蜂者应当提前3天向当地动物卫生监督机构申报检疫。经检疫合格的，方可起运。养蜂者发现蜂群患有列入检疫对象的蜂病时，应当依法向所在地兽医主管部门、动物卫生监督机构或者动物疫病预防控制机构报告，并就地隔离防治，避免疫情扩散。未经治愈的蜂群，禁止转地、出售和生产蜂产品。

（2）防止传染病传播的紧急措施

① 隔离与封锁　隔离病群和可疑感染的蜂群是控制传染病传播的重要措施之一。为此，在传染病流行时，应首先查明蜂群的感染程度，然后将蜂群分为健康群、病群和疑似病群。病群应集中隔离于蜂场的2千米之外，进行消毒和治疗。养蜂员要减少在蜂场与隔离区两地来回活动的次数，隔离区内的蜂具与杂物，未经彻底消毒处理，不可带回蜂场。未发现任何症状，但与病群曾有过密切接触的蜂群，属于疑似病群。这类蜂群有可能处在潜伏期，并有排菌、排毒的危险，有条件的也应隔离，密切观察。根据该种传染病的潜伏期长短，经过一定时间，不发病的可取消限制。

当暴发某种传染病时，应对疫区进行封锁。也就是说在一定的时间内，疫区内的蜂群不能离开疫区，而疫区外的蜂群也不得进入疫区。其目的是把传染病控制在封锁区内，尽快消灭。封锁区内的病群要进行治疗，对污染的蜂具、杂物、饲料要严格消毒，蜂尸和各种垃圾要焚烧或深埋。

根据该病潜伏期的长短，从最后一群蜂发病算起，超过该病潜伏期的时间，再未出现蜂群发病，经过全面消毒后，即可解除封锁。解除封锁后有些耐过的蜂群在一定时间内为带菌（毒）者，仍在排菌（毒），因此，这些蜂群最好暂不调回安全区，可观察1个月左右再说。

② 药物防治　药物防治也称为集体治疗，就是指包括没有症状的蜂群在内进行全部治疗，某些传染病采用此种方法可以收

到可靠的效果。

但是如果经常使用化学药物预防，容易产生耐药菌株，影响治疗效果。而且长期使用化学药物也会造成蜂产品的污染。因此，目前并不提倡经常使用化学药物防治，而重点应放在加强饲养管理、培育抗病品种、增强蜂群自身抗病力方面。

③消毒　在讨论消毒之前，先介绍几个常用的名词。灭菌指杀死一切病原微生物及其芽孢和孢子，使物体上无任何活存的微生物。消毒指杀死物体上某些病原微生物，而对非病原微生物及其芽孢、孢子并不严格要求全部杀死。用于消毒的化学物质，称为消毒剂，如表6-1。防腐指利用化学药品或者其他方法阻止微生物繁殖与发育的方法，所使用的化学药物，称为防腐剂。

表6-1　常用化学消毒剂

药剂名称	作用对象	常用浓度	消毒范围	使用方法
高锰酸钾	细菌、病毒、真菌	0.5%水溶液	蜂箱、巢脾	浸泡1～2小时，清洗
福尔马林（甲醛）	细菌、芽孢、病毒、孢子虫	2%～4%水溶液	蜂箱、巢脾	浸泡（1份福尔马林9份水）
		40%水溶液（原液）	房间、蜂箱、蜂具	熏蒸12小时。福尔马林10毫升、高锰酸钾10克、水5毫升
冰醋酸	蜂螨、孢子虫、阿米巴、蜡螟的幼虫和卵	80%～98%（原液）	蜂箱、蜂具	熏蒸12小时
二硫化碳	蜡螟的卵、幼虫、蛹、成虫	原液	蜂箱、巢脾	熏蒸12小时
饱和食盐水	细菌、真菌孢子虫、阿米巴、巢虫	36%饱和食盐水	巢脾等蜂具	浸泡4小时以上
漂白粉	病毒、细菌芽孢（10%～20%漂白粉溶液）	5%水溶液	地面、各种蜂具、衣物	喷洒、浸泡2小时

药剂名称	作用对象	常用浓度	消毒范围	使用方法
新洁尔灭	细菌、真菌、病毒	0.1%水溶液	巢脾等蜂具	喷洒、浸泡1小时
碳酸钠（苏打）	细菌、真菌、病毒	2%～5%水溶液	蜂具	洗刷、浸泡
		1%水溶液	盖布、工作服	煮沸
石灰乳	细菌、芽孢、真菌、病毒	10%～20%水溶液	墙壁、地面	湿石灰粉撒布阴湿地面、粉刷墙壁、地面
草木灰水	细菌、真菌、病毒	30%水溶液	蜂箱和其他蜂具、地面	浸洗、浸泡12小时
过氧乙酸	细菌、真菌、芽孢、病毒	0.1%～0.2%水溶液	各种蜂具等（不得用于金属制品和橡胶制品）地面、墙壁	浸泡、喷洒
		5%	房屋地面、墙壁	喷雾

在养蜂生产中，我们进行消毒工作的目的就是消灭被传染源散播于外界环境中的病原体，以切断传播途径，阻止疫病继续蔓延。一般将消毒分为3种形式。一是预防性消毒，结合平时的饲养管理对蜂场、工作间、仓库、蜂具和饮水等进行定期消毒，以达到预防一般传染病的目的。一般情况下，在每年晚秋蜂群进入越冬之前和早春蜂群陈列之后，都应对蜂箱、蜂具及场地等进行一次彻底消毒。二是随时消毒，为在发生传染病时为了及时消灭刚从病蜂体内排出的病原体而采取的消毒措施。消毒的对象包括蜂场场地、蜂箱及其他各种蜂具，可能被污染的饲料、物品等，要定期多次消毒。第三种为终末消毒，是在解除对发病蜂场的隔离之前，为了消灭病区内可能残留的病原体所进行的全面彻底的大消毒。包括场地、房屋、蜂箱、蜂具等。

以下介绍几种常用的消毒方法。

机械性消毒：用机械的方法如清扫、清理、铲刮、洗涤等，随着这些污物的清除，大量的病原体也被清除。机械性清除不能达到彻底消毒的目的，必须配合其他消毒方法进行。清除的污物应进行焚烧或深埋。清扫后的地面、房舍还需要喷洒化学消毒药或用其他办法，才能将残留的病原体消灭干净。

通风也具有消毒的意义，虽不能杀灭病原体，但可在短时间内使室内空气交换出去，减少病原体的数量。如在 80 米³ 的房间内，当无风与室外温差为 20 ℃时，约 9 分钟就能交换一次空气；而温差为 15 ℃时，就需 11 分钟。通风时间视温差大小可适当掌握，一般不少于 30 分钟。

物理消毒：

阳光和干燥：阳光是天然的消毒剂，其光谱中的紫外线有较强的杀菌能力，阳光的灼热和蒸发水分引起的干燥也有杀菌作用。一般病毒和非芽孢性病原菌，在直射的阳光下几分钟至几小时可以被杀死，即使抵抗力很强的细菌芽孢，连续几天在强烈的阳光下反复暴晒，也可以变弱或杀灭。因此，阳光对于蜂场、蜂具等的消毒具有很大的现实意义。但阳光的消毒能力大小取决于很多条件，如季节、时间、纬度、天气等。因此利用阳光消毒要根据情况掌握，并配合其他方法进行。此外紫外线的穿透能力很差，利用阳光消毒时，被消毒物体的表面要清理干净，否则影响消毒效果。

高温：火焰的烧灼和烘烤是简单而有效的消毒方法，但其缺点是有些物品由于烧灼而被损坏，因此，在实际应用中受到限制。当传染病流行时，被病蜂污染严重的巢脾，清扫的蜂尸、杂物都可以进行焚烧，蜂箱和金属蜂具可以用喷灯烧灼或火焰烘烤消毒。

煮沸消毒：是经常应用而又效果明显的方法，大部分非芽孢病原微生物在 100 ℃的沸水中迅速死亡，大多数芽孢在煮沸后15～30 分钟内也能致死，煮沸 1～2 小时可以有把握地消灭几乎所有的病原体。各种金属蜂具、部分木质蜂具、玻璃用具、衣物等都可以进行煮沸消毒，将煮不坏的物品放入锅内，加水浸没物品即可。如果加1%～2%的苏打、0.5%的肥皂等，可以防止金属生锈，提高沸点，增强灭菌作用。

蒸汽消毒：相对湿度在80%～100%的热空气能携带许多热量，遇到消毒物品凝结成水，放出大量热量，因而达到消毒的目的。这种消毒方法与煮沸消毒的效果相似，但蒸汽消毒所用时间是煮沸时间的1倍以上，可用于一些不能直接与水接触物品等的消毒。

化学消毒：化学消毒的效果决定于许多因素，如病原体抵抗力的特点、所处环境的情况、消毒时的温度、药剂的浓度、消毒时间长短等。在选择化学消毒剂时应考虑对该病原体的消毒力强、对人和蜜蜂毒性小、不损害被消毒的物体、易溶于水、在消毒的环境中比较稳定，价廉和使用方便等。下面介绍几种蜂群消毒方面常用的化学消毒剂。

高锰酸钾：是一种强氧化剂，杀菌力强，对病毒也有灭活作用，蜂场常用来浸泡被病毒和细菌污染的蜂箱及巢脾，常用浓度为0.1%～0.5%。

甲醛：福尔马林是甲醛的水溶液，市售的福尔马林为40%左右的甲醛水溶液。福尔马林水溶液可用于杀灭蜂箱和巢脾的细菌、细菌芽孢、原生动物、病毒等。

2%～4%的福尔马林水溶液可用于喷洒房屋、地面等。

4%福尔马林水溶液可用以浸泡消毒被病原微生物污染的蜂箱、隔板和巢脾等物。消毒前先将需要消毒的物体清洗干净，消毒液盛在木桶、缸或搪瓷盆内，被消毒物体在消毒液中浸泡12小时后提出；放入清水中浸泡3～4小时，捞出晾干。如果是巢脾，用分蜜机将水摇出备用。如果气味过大，可用清水清洗数遍，或用1%氨水喷洒，再清洗后即可晾干。

福尔马林熏蒸消毒：消毒前先将需消毒的巢脾或其他蜂具洗净，并适当喷水润湿。再按每只继箱体装巢脾8个，每5只箱体为一叠，最下层用一空箱体做底。安装好之后，用纸条将所有缝隙糊严。先将福尔马林与热水加入容器并混匀，从揭去铁纱的纱窗孔放入空巢箱内，再加入高锰酸钾，并立即推紧纱窗挡板，用纸糊严，进行密封熏蒸。经一夜后取出巢脾，放通风处晾2～3天后即可使用。

冰醋酸：冰醋酸的蒸汽对蜂螨、孢子虫、阿米巴及蜡螟的幼虫和卵，具有很强的杀灭力，可用来消毒蜂箱、巢脾和蜂具等。消毒时的准备工作同福尔马林熏蒸方法，最上层巢脾框梁上铺些破布、棉花、草纸等物，然后洒上冰醋酸，立即密封熏蒸。冰醋酸的用量：含量在98％以上的，每个继箱体用80毫升，含量为80％的，每个箱体用100毫升。气温在18℃以上，熏蒸数小时至一夜即可取出通风，温度较低，需熏蒸3～5天。

二硫化碳：是一种无色或具微黄色的液体，易燃且具有刺激性气味，此药可杀灭蜡螟的卵、幼虫、蛹和成虫。蜂场常用于消毒巢脾，每个继箱体用药5～10毫升，具体做法与冰醋酸消毒法相同。

饱和食盐溶液：以每千克水加食盐360克制成饱和食盐溶液，用于浸泡巢脾等蜂具，再用清水洗净晾干，对细菌、真菌、孢子虫、阿米巴和巢虫都有杀伤作用。

漂白粉：对病毒、细菌有杀灭作用，是一种广泛应用的消毒剂。常用5％的漂白粉水溶液喷洒地面、工作室等，用其5％的水溶液浸泡各种蜂具2小时左右，可以杀灭病毒、细菌，10％水溶液可以杀死芽孢，但一般使用浓度为5％，因为漂白粉对金属物品、棉织品有腐蚀和脱色作用，漂白粉水溶液要现配现用。

新洁尔灭：短时间内可杀死细菌，对部分真菌和病毒也有杀灭作用。常用浓度为0.1％。用于喷洒或浸泡巢脾、其他蜂具，也可用于手的消毒。

碳酸钠：又称苏打和食用碱，对细菌、真菌和病毒有杀灭作用。应用2％～5％的溶液洗刷小型蜂具及工作服等，在煮沸盖布及工作服时加入1％的苏打，可以使消毒效果更可靠。

石灰乳：用生石灰 1 份加水 1 份制成熟石灰，然后用水配成 10%～20%的混悬液用于消毒。配制石灰乳时，要随配随用，以免失效。石灰乳有很强的消毒作用，不但能杀灭细菌、细菌的芽孢，还可杀灭病毒和真菌。石灰乳适于粉刷工作室的墙壁、地面等，也可用生石灰 1 千克加水 350 毫升混合而成的粉末，撒布在阴湿地面进行消毒。如果直接将生石灰粉撒布在干燥地面，起不到消毒作用。10%石灰乳可用于浸洗蜂箱等蜂具进行消毒。

草木灰水：用新鲜干燥的草木灰 15 千克加水 50 千克，煮沸 20～30 分钟（边煮边搅拌），去渣后使用。其有效成分主要是碳酸钾和氢氧化钾。对细菌、病毒、真菌都有杀灭作用，但对芽孢无效。可用于蜂箱和其他蜂具的浸洗、浸泡消毒，也可用于消毒地面。

过氧乙酸：纯品为无色透明液体，易溶于水。市售成品有 40%水溶液，高浓度加热到 70 ℃以上能引起爆炸。本品可杀死细菌、真菌、芽孢和病毒。除不能用于金属制品和橡胶外，可用于消毒各种物品。0.1%～0.2%溶液用于浸泡污染的各种玻璃、塑料、陶瓷及蜂箱、巢脾等蜂具，10 分钟到半小时即可杀灭病原微生物。0.5%溶液用于喷洒消毒房屋地面、墙壁等，用 5%溶液按每平方米 2.5 毫升喷雾消毒密闭的仓库等。本品稀释后不能久贮，浓液能使皮肤和黏膜烧伤，稀液对黏膜也有刺激性，用时应注意。

④ 影响消毒作用的因素

药物的浓度。并不是药物的浓度越高，效果就越好。因为药物本身一般具有毒性，如不按给定的浓度使用，残留的毒性会引起蜂群中毒。有些药物浓度过高还会腐蚀被消毒的物品。

作用时间。药物与病原微生物接触的时间必须充分，才能达到消毒的目的。

药液的温度。药液的杀菌能力与温度有关，一般温度每升高 10 ℃杀菌力增强一倍，但为了使用安全，不要随便给消毒药剂加温。

环境中的有机物。环境中的有机物会影响消毒效果，这是因为有机物能消耗掉部分药物，或由于有机物本身对细菌形成机械的保护作用，使药物不易与细菌接触。因此，在使用化学消毒剂之前，应充分清洁被消毒的对象。

微生物的敏感性。不同种类的微生物对药物的敏感性差别很大，如大多数消毒药剂对细菌的繁殖型有较好的抗菌作用，而对细菌的芽孢则作用很小，又如病毒对碱类比较敏感。因此，对不同的病原微生物应选择不同的药物。

3. 治疗措施 为了使治疗措施达到预期的效果，一方面必须事先做出正确的诊断，以便对症下药；另一方面还要与相应的饲养管理措施密切配合。另外，在施药时要选择最合适的药物和剂量，注意施用的方法，给药途径和最佳用药时机，避免滥用药物。否则不仅治不好蜂病，还可能造成蜂产品的污染。下面着重介绍治疗蜜蜂传染性病害的几种常用中草药。

中草药是中国医药的瑰宝。现代医学研究证明，很多中草药都有抗病原微生物的作用。由于有些中草药本身就是花类，所以又有毒性小、不会对蜂产品造成化学污染的优点。同时细菌对中草药的耐药性产生也较慢，所以可以根据经验试用一些中草药防治疾病。表6－2介绍几种有抗病原微生物和增强蜜蜂抵抗力的中草药。

表6－2　几种主要的抗病原微生物中草药

名称	用　　法	功　　效
芦荟	用鲜汁5～10毫升加入1千克糖浆喂蜂	抗菌、提高蜜蜂抗病力
山楂	取50克干果注入1千克水中，煎煮2小时取汁，配制成1千克糖浆喂蜂	增强蜜蜂对疾病的抵抗力、促进工蜂活动与蜂王产卵
蒲公英	蒲公英叶晾干，取干叶50克煎汁，配制成1 000毫升糖浆	抗菌作用

名称	用　法	功　效
辣椒	50 克辣椒加入 1 千克沸水，置暖瓶中浸泡 24 小时，1 千克糖浆加 3～5 毫升浸剂喂蜂，也可用浸剂 10 毫升喷一框蜂	抗螨、防孢子虫、促进工蜂活动和蜂王产卵
百里香	干燥百里香植株上部 15～20 克煎汁，1 千克糖浆加入 50 毫升药液喂蜂	具抗螨、抗菌作用
大蒜	取 200 克大蒜，放进 500 毫升白酒中，浸泡 14 天；取 20 克蜂胶放入白酒中浸泡 14 天。分别过滤，两种溶液等量混合，早春取混合液 1 毫升，加入 1 杯糖浆喂蜂	预防白垩病和其他细菌病，并刺激蜜蜂
金银花	干燥花蕾 50 克，煎汁，配成 1 千克糖浆喂蜂	抗菌、抗病毒、抗真菌
连翘	10～15 克干燥果实，配成 1 千克糖浆喂蜂	抗菌、抗病毒
大青叶	10～15 克干燥叶，配成 1 千克糖浆喂蜂	抗菌、抗病毒
板蓝根	干燥根部 30～50 克，配成 1 千克糖浆喂蜂	抗菌、抗病毒
紫花地丁	干带根全草 10～15 克，配成 1 千克糖浆喂蜂	抗细菌、抗真菌
鱼腥草	干燥全草 15～40 克（不宜久煎），配成 1 千克糖浆喂蜂	抗菌、抗病毒
金沙藤（海金沙）	干燥藤叶或全草 15～40 克，配成 1 千克糖浆喂蜂	抗菌、抗病毒
穿心莲	干燥全草或叶 15 克，配成 1 千克糖浆喂蜂	抑菌作用
马齿苋	干马齿苋茎叶 50g，或鲜马齿苋 100 克，煎汁，配成 1 千克糖浆喂蜂	抗菌作用
贯众	15 克干根茎煎汁，配成 1 千克糖浆喂蜂	抗病毒

（五）蜜蜂病害的诊断

蜜蜂病害的确诊是正确治疗的基础，但很多养蜂者对这一点却没有足够的认识，完全凭感觉用药，结果药不对症，花了冤枉钱，又误了防病时机，造成了很大的经济损失，还污染了蜂产品。因此，一旦蜂群发病，就必须认真细致地诊断，确定病原后再对症下药。

对一些常见且症状特点比较明显的病害，只要根据症状特点就可以确诊。但对一些不常发生且症状不太典型的病害，尤其是新发生的病害，仅仅根据症状来诊断是不准确的，还需要进行病原诊断。病原诊断一般可采取如下步骤。

(1) 自检　蜂群得病后，养蜂者本人可以根据自己的蜂病知识和以往的经验或对照书本对病蜂进行检查和观察。

首先是检查症状，蜜蜂染病后，在动作、形态、色泽和气味等方面都有不同的表现。

动作变化：蜜蜂患病后，动作上表现异常。比如呆滞、迟缓、颤抖、爬行或烦躁、凶悍等。

形态变化：蜜蜂患了某些病后，个体形态也会发生很大的变化，或肢体残缺或体躯缩小或腹部膨大。

色泽变化：有些病能使成蜂、蛹或幼虫表现出反常的颜色。或变棕，或变黑，或变黄，或变白。有些病如白垩病，其病原菌本身附着在幼虫体躯上，使之呈白色或黑色。

气味变化：有些疾病，特别是由细菌引起的病害，会使蜜蜂在发病期间或死亡之后产生臭味。

不同的病有不同的表现。养蜂者可以就以上几个方面参照本书以后各章节中各病害的文字描述进行逐一对照。

其次是病原鉴定，对于一般养蜂者由于缺少必要的病原知识和实验设备，很难准确地对病原做出鉴定。但对于一些有丰富的病原知识且具备必要设备的养蜂者，可按以下方法进行鉴定。

① 侵袭性病害病原的鉴定，这类病原主要包括各种寄生螨、寄生性昆虫、寄生性线虫，由于其个体形态较大，一般通过肉眼或放大镜就能清楚地识别出来。

② 非侵染性病害病原的鉴定，该类病原主要包括遗传因子、不良的饲养条件以及自然毒物和化学毒物等。由这类病原引起的病害，其特点是不传染，发病面积较大，时间较集中。对于这类病原的鉴定，可在症状观察和对周围环境条件分析的基础上，采用病原显微检查法、非传染性测定法、化学诊断法和人工诱发试验法等进行鉴定。

病原显微检查就是通过显微镜来观察病蜂组织中有无病原物，以及病蜂内部组织中的病理变化。

非传染性测定，即用人工接种的方法观察该病是否能够传染。

化学诊断法，主要用于诊断缺素症，首先根据症状初步判断缺少某种化学元素，然后分析病蜂组织与蜂产品中该元素的含量，从而验证以上的判断，并进一步确定缺素症的性质和程度。

人工诱发试验法即在初诊基础上用可疑病因处理蜜蜂相应的发育阶段，观察其是否发病或人为地排除可疑病因，观察染病的蜜蜂是否康复。

③ 传染性病害病原的鉴定，传染性病害是由病原微生物即病原体引起的，它主要包括病毒、细菌、真菌和原生动物。

病毒病原的鉴定：这种鉴定一般在症状和发生特点观察的基础上进一步确定病原的性质和种类。该病原的性质主要靠传染性试验来确定，而该病原的种类可以通过检查细胞内含体来确定，也可以通过电子显微镜直接观察病毒的形态来识别，还可以通过血清学来诊断。

对于许多基层单位或个体蜂农，由于条件的限制，通常靠病害症状发生的特点，传染性试验及病毒的生物学特性，如传播方法、寄主范围、寄主反应、体外保毒期、稀释终点以及对温度反应等来加以确定。

细菌病害病原的鉴定：这种病原可以直接通过镜检来鉴定，取 5～10 只病蜂，进行表面消毒后置于研钵中研碎，再加入适量无菌水制成悬浮液，取一滴该悬浮液涂片、染色、镜检。细菌种类可以通过形态观察（如形状、大小、鞭毛数目及着生部位等）和染色反应，尤其是革兰氏染色反应，以及细菌的培养特性与生理性状观察等来确定。

真菌病害病原的鉴定：该类病原的鉴定主要是借助显微镜观察病原形态如菌丝孢子和子实体的形状、大小、结构和颜色等来加以鉴定。具体方法是：在载玻片上滴一滴无菌水，用镊子挑取少量菌体，放入水中并轻轻涂开，然后盖上盖玻片，置于显微镜下（400～600倍）观察。

原生动物病害病原的鉴定：原生动物是单细胞真核生物的总称。它在细胞构造的分化方面比真菌更进一步，细胞器能完成运动、摄食、消化和排泄等机能，因此组织成群体但不成为丝状。在摄取营养的方式上，依靠胞饮作用将固体或液体有机物质吸取到细胞内，有的则依靠体表吸收不需要消化呈分解状态的有机营养素。侵染蜜蜂的原生动物属微孢子虫纲，微孢子虫目，微孢子虫科，微孢子虫属，蜜蜂孢子虫和阿米巴即变形虫。这类病原的鉴定方法，是取被疑为孢子虫病的病蜂20只左右，先取出蜜蜂的消化道，置研钵内研碎后，再加少量无菌水制成悬浮液进行涂片检查。若是干的死蜂样品，则可取病蜂的整个腹部研碎，制成悬浮液进行检查。

（2）送检　很多养蜂人员或基层养蜂技术人员，受条件限制或缺乏必要的蜂病诊断知识和技术，自己不能准确地对蜂病做出诊断。因此，需要将病蜂标本寄到相应的机构去诊断。目前国内有一个也是唯一的一个国家级对外开放的蜂病诊断中心。该中心设在中国农业科学院蜜蜂研究所蜂保室内。该室设备先进，实力雄厚，主要从事蜜蜂病敌害的发生发展规律、病原诊断技术及防治方法的研究。目前，该室除了承担一些国家及农业部的蜂保研究课题外，还开办蜂药厂和蜂病诊断中心，为广大蜂农提供免费的蜂保技术咨询和有偿的蜂病病原鉴定及出售各种蜂药。

成年病蜂标本的送检方法是从蜂箱中不同的 5 个方位及蜂箱外的地面上各取具有典型病状的病蜂 5 只共 30 只左右，放进一个小塑料容器中，盖上盖。然后根据塑料容器的形状及大小，装入大小适当的布袋或木盒中，封口后用正楷体写上蜂病诊断中心的地址、邮编及寄件人自己的姓名、详细地址和邮编，最后送往邮局邮寄或直接送往蜂病诊断中心。注意千万不要直接装入信封、布袋或木盒中，因为病蜂在邮寄或送检过程中往往会腐烂发臭，影响邮递人员及收发人员的正常工作，或者标本本身易干燥变碎，为诊断工作增加了困难。

幼虫标本的送检方法为挑取单个具有典型症状的幼虫 10～20 只，装入干净的小玻璃瓶中，然后放入小木盒，用棉花或报纸塞紧、封盖、邮寄。也可选取具典型症状的幼虫 10～20 只，连巢脾一起割下，装入小木盒中，用棉花或报纸塞紧、封盖，再从邮局寄出或直接送检。

一般情况病蜂标本寄出 2～3 周后，能收到蜂病诊断中心的诊断结果和推荐的防治方法。若是蜂群病情严重，需要尽早知道鉴定结果，送检人可在标本邮出一周后与中国农科院蜜蜂所蜂保室蜂病诊断中心联系。

（六）蜂药概况

目前，全国正式登记在册的蜂药厂为数不多，规模较大、覆盖面较广的蜂药厂有五家，其中私营企业三家，国有企业两家。这几家蜂药厂几乎担任着全国所有蜂群的蜂药供应任务，所生产的蜂药品种也大同小异，其防治对象几乎包括了目前我国常见的蜂病种类。下面就各个蜂药品种的防治对象、药物性质、使用方法、使用量做一简单介绍，以供养蜂爱好者参考。

1. 防治蜂螨的药物

（1）螨扑　这是中国农科院蜜蜂所的专利产品，曾获首届中国金榜技术与产品博览会金奖。该杀螨剂为片剂，袋装，即用木片、塑料片或橡胶片浸沾一定浓度的药液，晾干后装入塑料袋，每袋 20 片。用于杀灭大小蜂螨，特点是高效、低毒、无残留，使用方便。使用方法：强群放 2 片，弱群放 1 片。将药片放在边脾第二个蜂路间，以对角线形式固定在脾上，每 2 周为一疗程，可延续使用 3～4 周。

（2）螨必杀　该杀螨剂是八五期间研制的新产品，其剂型、包装方式、功能和使用方法都与螨扑相同，但它除了有高效低毒、无残留和使用方便的优点外，还有无抗性的优点。

（3）速杀螨　剂型和包装与以上两种杀螨剂的不同，它是淡黄色乳油、盒装，每盒 10 瓶，每瓶 0.5 毫升。主要功能是防治大、小蜂螨，其特点是对人畜、蜜蜂安全，杀螨效力高。使用方法：每瓶兑水 500 毫升，在非采蜜期，蜜蜂回巢后，取出蜂脾，朝与巢脾呈 45 度的方向喷蜂，每群蜂用药量 50 毫升，每周 1 次，连喷 2～3 次。

（4）杀螨剂Ⅰ号　该杀螨剂是无色乳油，盒装，每盒 10 瓶，每瓶 0.3 毫升。主要用途是防治大、小蜂螨，其特点是对人畜、蜜蜂安全、对大、小蜂螨高效，在蜂产品中残留低。使用方法：每瓶兑水 800 毫升，现配现用，每群用量约 50 毫升，沿与巢脾呈 45 度的方向喷蜂。

2. 防治白垩病的药物

（1）杀白灵　白色粉剂，袋装，每袋 4 克。用途是防治蜜蜂白垩病，其主要特点是杀灭或抑制真菌的菌丝和孢子的生长与繁殖。使用方法：若治疗用药，每包药兑 1∶1 的糖水 0.5 千克。若预防用药，浓度减半，即每包药兑 1∶1 的糖水 1 千克。摇匀后喷病蜂及巢脾，使蜂体湿润，每个巢脾喷 10～15 毫升，隔日 1 次，连续 5 次，治愈后隔半个月再用药 2～3 次。

（2）灭白垩Ⅰ号　白色粉末，袋装，每袋 3 克。主要用于防治白垩病，主要特点是杀灭或抑制真菌的菌丝和孢子的生长。使用方法：取药物 1 包，用少量温水（38℃）完全溶解后，加入 1

千克 1∶1 的糖水中，充分搅拌均匀，喷喂蜂脾 40 张，每 3 天 1 次，连续 4～5 次。

（3）优白净　深褐色液剂，盒装，每盒 5 瓶，每瓶 10 毫升，用于防治白垩病。使用方法：1 瓶兑水 1 千克，喷蜜蜂及巢脾，每脾约 10 毫升，每日 1 次，连用 4 次为一疗程，休 4 日，再喷一疗程为佳。

注意：在用以上 3 种药防白垩病的同时，应配合用高效巢房消毒片对蜂箱、蜂具和巢脾进行消毒，这样才能收效显著。

3. 防治美洲幼虫病和欧洲幼虫病的药物　这两种病的病原属于细菌类，应用抗细菌类药物防治。

杀菌灵　白色粉剂，袋装，每袋 3 克。使用方法：取药 1 包，用少量酒精溶解，兑 1∶1 的糖水 4 000 毫升。调匀后喷治或饲喂，每框用药糖水 50 克。每天用药 1 次，连续用药 5 次。

4. 防治孢子虫和阿米巴病的药物　孢子虫和阿米巴属于原生动物，这些病是严重的传染病，可使蜜蜂寿命缩短、采集力下降，严重影响蜂蜜和王浆的产量。

（1）保蜂健　为白色粉末，袋装，每包 4 克，是治疗这类病的有效药物。使用方法：取药 1 包溶于 500 克 1∶1 的糖水，傍晚喷喂 2～4 群蜜蜂，隔日 1 次，连用 3 次。

（2）抗爬蜂Ⅰ号　白色粉末，袋装，每袋 3 克，对蜜蜂螺原体、孢子虫、病毒病均有显著疗效。使用方法：取药 1 包，用少量温水溶解后，再加 3 000 克 1∶1 的糖水喷喂 6 群蜂，3 天 1 次，连续 4～5 次。

5. 防治麻痹病的药物　抗病毒Ⅰ号：该药为淡黄色粉末，袋装，每包 4 克，是防治蜜蜂麻痹病的特效药。使用方法：先用少量 1∶1 糖水将药溶解，然后加糖水至 300 毫升，喷喂蜜蜂 3～4 群，每脾约 10 毫升，隔日 1 次，5 次为一个疗程。

6. 防治蜜蜂囊状幼虫病的药物　抗病毒 862：白色粉末，袋装，每袋 4 克。使用方法：取 1 包药用少量水溶解后再加入到

2 000克1∶1糖水，混匀，喂蜂4群。4天喂1次，连续喂5次。同时应加强饲养管理，重病群应抽出烂子脾，换王或幽王10天，并结合蜂具消毒。

7. 防治爬蜂病的药物　爬蜂病是一类病而不是一种病，蜜蜂得病后表现出无力飞行，只能在地上爬行的症状，其病原有3类：孢子虫、病毒及螺原体。

治爬灵：白色粉末，袋装，每袋4克。是一种复合药物，能治疗由蜜蜂孢子虫、麻痹病病毒、螺原体3种病原引起的爬蜂病。使用方法：每包药加1∶1糖水500毫升，喷喂5群，隔日用药1次，连用4次。

另外，抗蜂病毒Ⅰ号可防治麻痹病病毒引起的爬蜂病，抗爬蜂Ⅰ号可防治由蜜蜂螺原体、孢子虫和病毒引起的爬蜂病。

8. 消毒用药　为了预防蜜蜂病害，杀灭蜂箱、蜂具及蜂巢上所带的各种病原生物，蜂农常用一些化学物质对蜂箱、蜂具及蜂巢进行消毒。常用的消毒药物有高效巢房消毒片，为白色片剂，袋装，每袋20片，该药对细菌、病毒均有较强的杀伤力，对巢脾、蜂箱和蜂具等有很好的消毒作用。使用方法：取5片药，溶于1 000毫升水中。喷脾用：将药液直喷巢房，每脾喷打药液100毫升，20分钟后甩干，用清水冲洗，晾干即可。浸泡用：将巢脾浸入药液中，浸泡20分钟后，取出甩干，用清水冲洗，晾干备用。

目前蜂药市场比较混乱，假冒蜂药劣质蜂药仍流行。因此建议广大养蜂爱好者应通过各种渠道直接与有生产许可证的正规蜂药厂，尤其是与科研单位的蜂药厂联系，直接从厂家邮购或亲自到厂家或厂家在全国各地的蜂药直销点购买。

七、蜜蜂寄生螨及其防治

蜜蜂寄生螨是蜜蜂最主要的病虫害之一。目前从蜜蜂属的蜂体上已经发现了7种蜂螨，其中3种蜂螨（大蜂螨、小蜂螨和武氏蜂盾螨）对养蜂业的危害最大。大蜂螨在分类上属于蛛形纲，蜱螨亚纲，寄螨目，中气门亚目，瓦螨科。小蜂螨属中气门亚目，厉螨科，热厉螨属。而武氏蜂盾螨则属真螨目，跗线螨科。

（一）大蜂螨

1. 分布与危害　大蜂螨又称雅氏瓦螨或亚洲螨。据文献记载，最早在1904年由奥德门氏（Oudemns）在爪哇的印度蜜蜂体上发现了这种螨，并定名为 Varroa Jacobsoni。

大蜂螨是家养蜜蜂的大敌，在1970—1973年这种螨在日本就造成22%的蜂群死亡，58%的蜂群严重受害。在马来西亚、印度尼西亚、越南、阿富汗等国家，由于大蜂螨的危害，几乎使西方蜜蜂无法生存。

大蜂螨主要寄生在成年蜂体上，吮吸其体液即血淋巴。或潜入蜜蜂子房内产卵繁殖，吮吸幼虫和蛹的血淋巴液。大蜂螨的危害症状主要表现为：①幼虫和蛹死亡：被大蜂螨寄生严重的蜂群常能看见死亡变干的幼虫和蛹被拖出子房，尤其是封盖的蜂房被咬破，即将羽化的蛹被拖出；②成年工蜂和雄蜂畸形，尤其是残翅，无法飞行，烦躁不安，四处乱爬；③受危害的工蜂和雄蜂体重比健康的工蜂和雄蜂分别小约15%和20%，体质也较弱；④危害严重的蜂群群势急剧下降。

2. 形态特征　大蜂螨具有卵、若螨和成螨3种不同的形态

（图 7 - 1）。

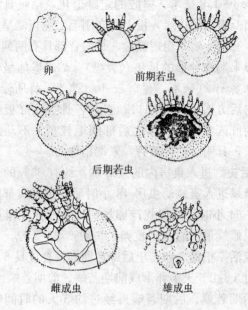

卵　　　　　　前期若虫

后期若虫

雌成虫　　　　　　雄成虫

图 7 - 1　大蜂螨

（1）卵　卵圆形，乳白色。雌螨可产两种卵，一种为有肢体卵，大小为 0.60 毫米×0.43 毫米。卵膜薄而透明。产出时即可见四对肢芽，形似紧握的拳头。另一种为无肢体卵，个体较小，逐渐变黄，最后干枯而死。

（2）若螨　若螨分前期若螨和后期若螨。前期若螨为卵圆形，乳白色，大小为 0.74 毫米×0.69 毫米。体表生有稀疏的刚毛，具四对粗壮的足，此后逐渐变成卵圆形。前期雌性若螨螯肢动趾末端尖锐，具有两个齿的穿刺性结构，已能刺吸蜂蛹的血淋巴。1.5～2.5 日后蜕皮成为后期若螨。雌性后期若螨呈心脏形，大小为 0.87 毫米×1.00 毫米，足末端有网突。到后期随着横向生长的加速，螨体变成横椭圆形，体背出现褐色斑纹，体长增至1.09 毫米，宽至 1.38 毫米。

（3）成螨　雌性成螨呈横椭圆形，棕褐色，体长 1.1～1.2 毫米，宽 1.6～1.8 毫米。螯肢的定趾退化，动趾具齿。背板覆盖整个背面及腹面的边缘，板上密布刚毛。胸板略呈半月形，具刚毛 5 对。有足 4 对，粗短强健，足的背部具有两列长刚毛，每只足的跗节末端有钟形的爪垫（吸盘）。雄成螨体呈卵圆形，淡黄色，长 0.8～0.9 毫米，宽 0.7～0.8 毫米。骨质较少，背板与腹板愈合，后方有不规则切口。腹面各骨板除肛板外，均不明显，腹面前肛区多刚毛，体之后部刚毛较粗。不动趾退化，短小，动趾长，具明显的导精管，末端稍弯曲。

3. 生活史　进入巢房内的大蜂螨，约有 95％ 的个体具有产卵能力。雌螨进入蜜蜂幼虫房 48 小时后，出现腹部膨大，行动迟缓，60～64 小时开始寻找产卵场所，并产卵于巢房壁和巢房底部。一只雌螨最多能产 7 粒卵，一般产 2～5 粒。其产卵能力较强，但成活率很低。卵产出后即在卵内发育成具 6 只足的幼虫雏形。经过 1～1.5 天破卵形成前期若螨。前期若螨经过 2～3 天蜕皮成为后期若螨。后期若螨再经过约 3 天的时间蜕皮变为成螨。整个发育历期为 6～9 天，雄螨的发育历期为 6～7 天，雌螨的发育历期为 7 天。雄性成螨在封盖房内进行交配，随即死在巢房内。雌成螨的寿命不等，在繁殖期平均为 43.5 天，最长 55 天，在越冬期的寿命平均可达 3 个月以上，大蜂螨以成螨在蜂体上越冬。新成长的雌成螨随工蜂出房后，即寻找一只工蜂或雄蜂寄生，延续时间为 4～13 天。

4. 生活习性　大蜂螨对温度的适应范围与蜜蜂基本相同，最适温度 32～35 ℃。大蜂螨喜欢相对湿度较高的环境，低于 40％ 则不利于其生存。大蜂螨的生活史分为两个阶段，即蜂体自由寄生阶段和封盖房内繁殖阶段。在蜂体自由寄生阶段，大蜂螨寄生于工蜂和雄蜂胸部和腹部，一般情况下，一只工蜂体上能寄生 1～2 只雌螨，雄蜂体上多寄生 7 只以上，大蜂螨主要靠吸取蜜蜂血淋巴为生。在封盖巢房内繁殖阶段，每个工蜂幼虫房一般含 1～2 只螨，而雄蜂幼虫房一般含 20～30 只。

5. 传播途径　蜜蜂的任何接触都可能导致大蜂螨的传播。在自然情况下，蜜蜂飞翔距离可能超过几千米。因此，在同一飞翔空间内，不同群的蜜蜂，包括相同蜂场和不同蜂场的蜜蜂都有接触的机会，接触途径主要有花、错投、盗蜂等。采蜜时有螨工蜂与无螨工蜂通过花为媒介，可以造成大蜂螨在蜂群间的相互传染，有螨蜂错投或盗窃无螨蜂群则是大蜂螨传播的主要因素。另外，蜂群错误的管理，比如子脾的调换、蜂具的混用等也可以造成场内螨害的迅速蔓延。

6. 消长规律　大蜂螨在一年中的消长与蜂群之势成负相关，一般来说，蜂群群势越好，大蜂螨的寄生率越低。反之，则越高。而蜂群群势又与气温和外界蜜源及蜂王产卵时间有关。就北京地区而言，春季蜂王开始产卵，大蜂螨也开始繁殖，到 4 月下旬，大蜂螨的寄生率可上升到 15%～20%。夏季蜜源充足时，蜂王产卵力旺盛，蜂群进入繁殖盛期，蜂群群势达 10 框以上，大蜂螨的寄生率一直稳定在 10% 左右。到了秋季外界气温低，蜜源中断，蜂群群势下降，大蜂螨的寄生率则急剧上升，10 月上旬达最高峰，寄生率可达 49%。到了秋末初冬，蜂王停止产卵，蜂群内无子脾时，大蜂螨也停止繁殖，以成螨形态在蜂体上越冬。

7. 蜜蜂对大蜂螨的积极防御　大蜂螨的原寄主是亚洲的东方蜜蜂（*Apis cerana*），经过长期的演变，其已对大蜂螨产生了抗性。其抗螨机制是东方蜜蜂的自身清理、群体清理和清理舞等活动，依靠这些活动东方蜜蜂可以积极地把蜂体上及巢房中的螨清除。工蜂用上颚撕咬大蜂螨，并扔到箱底，许多蜂螨因此致死。

欧洲蜜蜂对大蜂螨的清除率极低，其原因可能是因为其缺乏对螨的辨认力。欧洲蜜蜂和东方蜜蜂的上颚都有直而锐利的外缘，控制上颚运动的肌肉也无差异。因此，即使没有直接观察到清除行为，仍不能怀疑欧洲蜜蜂不善清除大蜂螨是由于解剖学上的原因。

对大螨的防御行为应是基因控制的和可选育的。通过选育方案，很有可能选育出抗大蜂螨的欧洲蜜蜂。

8. 诊断方法

（1）定性检查 首先可以根据巢门前死蜂的情况或巢脾上幼虫和蛹死亡的特征来判断。若在巢门前发现有许多缺足残翅的幼蜂爬行或有死蛹被工蜂拖出，或在巢脾上有许多死亡变黑的幼虫和蛹，死蛹体上还常附着有白色的颗粒状物时，即可诊断为大蜂螨危害。另外，可用小镊子挑破几个已封盖的雄蜂幼虫房，将幼虫挑出，并用镊子捣动巢房底部或边缘。若发现有大蜂螨，则可诊断为大蜂螨危害。

（2）定量检查 为了确定蜂螨的危害程度，可以检查蜂螨的寄生率和寄出密度。具体方法为：提出若干带蜂子脾，用镊子从中取出100只左右蜜蜂，逐个检查蜂体上寄生的大蜂螨总数量和有螨蜂数。再用镊子挑取雄蜂房或工蜂房50个左右，仔细计算蜂房数和螨数，然后按公式计算：

$$寄生率 = \frac{有螨蜂数（或蜂房数）}{检查蜂数（或蜂房数）} \times 100\%$$

$$寄生密度 = \frac{蜂螨总数}{检查蜂数（或蜂房数）}$$

9. 防治方法 大蜂螨的防治方法有很多种，比如热处理、生物防治等。这些方法是根据大蜂螨的生理特性和生物学特性而设计的，虽然能起一定的作用，但也有很多缺点，比如施用不便，防效不高等。

一般说来，在蜂群越冬前后无子脾时，用药物防治是最方便、最有效、最彻底的方法，它可以起到保护蜂群安全越冬和压低虫源的作用，是一年中螨的防治的两个重要环节。目前常用的杀螨剂有高效杀螨片——螨扑、螨必杀，这两种杀螨剂虽然有效成分不同，但它们有很多共同之处。如有效成分是附着在载体上，不同蜂产品直接接触，不污染蜂产品；对大蜂螨高效，能相继消灭陆续出房的蜂螨，对蜜蜂安全，持效时间长；使用方便、省工、省时。

此外还有杀螨剂Ⅰ号、速杀螨，这两种杀螨剂都是乳剂，按说明稀释后，喷脾。其特点是防治效果稳定可靠，但使用较麻烦，费时、费力。

(二) 小蜂螨

小蜂螨学名：*Tropilaelaps clareae*，又名亮热厉螨，属寄螨目，厉螨科。别名：小螨，小虱子。

1. 分布与危害　小蜂螨的寄主比较广泛，可在蜜蜂属的东方蜜蜂、西方蜜蜂、大蜜蜂、黑色大蜜蜂、小蜜蜂上寄生。

正式对小蜂螨做出详细描述的时间是在 1961 年，1960 年 Delfinabo 和 Baker 在菲律宾的死蜂体上发现了这种螨，次年对它做了描述并发表出来。

目前受小蜂螨危害的国家和地区有菲律宾、马来西亚、缅甸、泰国、阿富汗、越南、印度、巴基斯坦、中国及欧洲一些国家。小蜂螨通常与大蜂螨共同寄生于西方蜜蜂，它主要寄生在封盖后的老幼虫和蛹上，靠吸食其体液来繁殖，通常导致幼虫无法化蛹，或蛹体腐烂。受害幼虫表皮破裂，组织化解，呈乳白色或浅黄色。小蜂螨繁殖速度比大蜂螨快，因此造成烂子现象比大蜂螨严重。不仅如此，它还造成蜂蛹和幼蜂死亡，常出现死蛹，俗称白头蛹。出房的幼蜂身体十分衰弱，翅膀残缺，身体瘦小，爬行缓慢，受害蜂群群势迅速削弱，甚至全群死亡。如果防治不及时，则极易造成子烂群亡。

2. 形态特征　小蜂螨也具有卵、若螨、成螨 3 种不同的形态（图 7-2）。

(1) 卵　该螨有两种卵，一种大小为 0.65 毫米×0.54 毫米，呈白色透明，卵圆形，透过卵膜可以看到卵内幼虫肢体，因此叫有肢体卵。另一种卵个体较小，卵内无幼虫肢体，产下后不久即变成浅褐色，不能孵化，最后干枯死亡。因此叫无肢体卵。

（2）若螨　若螨又分前期若螨和后期若螨。卵孵化后不久即为前期若螨，呈乳白色，椭圆形，体背有细小的刚毛。大小为 0.55 毫米×0.38 毫米，4 对足。后期若螨呈卵圆形，体背有细小刚毛，排列无规律，大小为 0.90 毫米×0.61 毫米。

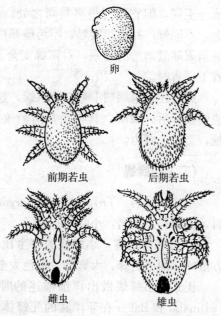

图 7-2　小蜂螨

（3）成螨　雌成螨呈长椭圆形、体色由淡棕色变褐色，大小为 1.03 毫米×0.56 毫米，前端略尖，后端钝圆。头盖小而不明显，呈土丘状。背板为一整块几丁质，其上密生刚毛。腹面胸叉明显，胸板为马蹄形，生殖腹板狭长，肛板呈梨形，螯钳具小齿，钳齿毛短小，呈针状。

雄成螨呈卵圆形，淡黄色，大小为 0.92 毫米×0.49 毫米。胸板、生殖腹板与足内板合并成全腹板，生殖孔位于板之前端，螯肢的可动肢特化成波形弯曲的导精趾。

3. 生活史　小蜂螨进入巢房后 48～52 小时即开始产卵。一般一只雌螨能产 1～6 粒卵。卵期非常短，一般只有 15～30 分钟。然后，卵腹部收缩，孵出若螨，若螨开始只有 3 对足，静止地爬在巢房壁上，身体隆起。第 4 对足仍被包在卵膜内未显露，

20~24小时才伸出，进入前期若螨阶段。44~48小时后经静止蜕皮变成后期若螨，再经48~52小时，静止蜕最后一次皮即为成螨。从卵发育为成螨需5~6天，成螨在繁殖期的寿命平均为9~10天，最长19天。小蜂螨整个发育期均在封盖子脾内完成，新成长的小蜂螨即随新羽化的幼蜂一起爬出巢房外，大约经过4小时即可潜入另外的蜜蜂幼虫房内。

4. 生活习性　小蜂螨主要寄生于子脾上，靠吮吸蜜蜂幼虫或蛹体的血淋巴生活。雌螨潜入即将封盖的幼虫房产卵，当一个幼虫或蛹被寄生致死后，又从封盖房的穿孔内爬出，再次潜入其他幼虫房内产卵繁殖。在封盖房内新繁殖成长的成螨，随新蜂一起出房，在成蜂体上只能成活1~2天。小蜂螨有较长的足，行动快捷有较强的趋光性。最适温度为31~36℃，能存活8~19天。在9.8~12.7℃只能存活2~4天，在44~50℃下一天都不能存活。

5. 传播途径　小蜂螨的群间传播主要途径有群间子脾互调、蜂具混用、盗蜂、迷巢蜂等。长距离传播主要是由转地饲养造成的。

6. 消长规律　小蜂螨在1年之中的消长状况与气候、蜂群群势及其他螨的发生状况有密切关系。小蜂螨生活的最适温度与蜜蜂子脾大体一致，一般在31~36℃。因此，若气温能比较稳定地保持在这个范围内，则蜜蜂繁殖较快，子脾较多，因而，小蜂螨寄生率也较大。在北京地区，一般在6月以前蜂群群势不强，很少查到小蜂螨。7月中旬以后，小蜂螨寄生率呈直线上升，9月中旬达到最高峰，11月上旬以后，气温下降到10℃以下，蜂群中很少能看见小蜂螨。另外，蜂群中大蜂螨寄生率高也会抑制小蜂螨的发生。

7. 诊断方法

（1）定性检查　选择正在出房的巢脾，抖掉蜜蜂，放在阳光下，震动巢脾，随即观察巢脾上有无小蜂螨爬行。如见到有个别小蜂螨爬行，即说明已有小螨寄生，应尽快治疗。如见到有许多小螨乱爬，并有很多带小孔的封盖房眼和房口突起的"白头蛹"，说明小蜂螨危害十分严重。

（2）定量检查　蜂体寄生率和寄生密度的测定，打开纱盖和覆布，随机地对蜂群进行五点取样。每点取 20 只工蜂，装到容积为 500 毫升的玻璃容器内，同时放入一浸沾有 0.5～1 毫升乙醚的棉球，然后密闭 5～8 分钟，待蜜蜂全部昏迷后，摇晃几下容器，将蜜蜂倒在巢门前。苏醒后的蜜蜂飞回原巢，蜜蜂身上掉下来蜂螨黏在容器内壁上，然后计算螨数。

$$蜂体寄生率=\frac{带螨蜂数}{检查蜂数}\times100\%$$

$$蜂体寄生密度=\frac{总蜂螨数}{检查蜂数}$$

蜂房寄生率和寄生密度的测定，可提出封盖子脾，抖去蜜蜂，在子脾上五点取点，每点挑取 20 个蜂房观察检查螨数，包括螨卵和若螨。然后按下列公式计算：

$$蜂房寄生率=\frac{有蜂螨房数}{检查蜂房数}\times100\%$$

$$蜂房寄生密度=\frac{总蜂螨数}{检查蜂房数}$$

8. 防治方法

（1）生物学防治　小蜂螨主要寄生在蜜蜂子脾上，靠吸吮蜜蜂幼虫和蜂蛹的淋巴液为生。小蜂螨不能吸食成蜂体的血淋巴，在成蜂体上最多只能存活 1～2 天，在蜂蛹体上最多也只能活 10 天。根据这一生物学特性，采用割断蜂群内幼虫的办法能起到很好的防治效果。具体方法是幽闭蜂王 9 天，打开封盖幼虫房，并将幼虫从巢脾内全部摇出即可。

（2）药物防治　目前最常用的方法是药物防治。能防治小蜂螨的药物有如下几种：

① 杀螨剂 I 号或速杀螨　使用时，按使用说明稀释，然后

用手提喷雾器逐脾喷雾，喷至蜂体上有薄雾层为止。每隔2～3天喷1次，连治2～3次，防治效果可达90%以上。

②螨扑　这是以马扑立克为主要成分的杀螨剂，使用时，将药片悬挂于蜂群内的两块巢脾之间，即孵育中央区。强群2片，弱群1片，防治有效期可达15天。

③升华硫　在比较偏僻的地方，可能比较难买到以上几种药物。在这种情况下可以用升华硫防治，其效果也很理想。先将封盖子脾上的蜜蜂抖掉，然后用纱布装入升华硫粉，均匀涂抹在封盖子脾表面。每隔7～10天1次，连续2～3次。此方法在采蜜期禁用。

(三) 其他螨类

除了大蜂螨和小蜂螨外，还有很多种螨也能够寄生在蜜蜂身上。现将它们概述如下。

1. 武氏蜂盾螨　又称壁虱或气管螨，该螨最初的寄主是西方蜜蜂，现在也发现寄生在东方蜜蜂和大蜜蜂上。目前除澳大利亚、日本和中国及东南亚一些国家未见报道外，世界上许多国家都发生过这种螨害。

这种螨个体很小，雌螨体长123～180微米，宽76～100微米，雄螨体长96～100微米，宽60～63微米。寄生于蜜蜂的气管内，属体内寄生螨。对蜜蜂的危害主要表现为螨及其废物堵塞蜜蜂气管，导致呼吸不畅，吸食血淋巴，造成营养损失；刺破气管引起间接感染；破坏气管周围的肌肉和神经组织；越冬期间破坏翅基肌肉；引起蜜蜂烦躁不安；螨的毒素造成蜜蜂飞翔肌麻痹；新陈代谢发生改变；气管硬化影响飞翔肌作用；寿命缩短。

2. 新曲厉螨　1963年首次在印度蜂体上发现这种螨，该螨呈卵圆形，个体较小，雌螨长549微米，宽397微米。它只短期附着在蜜蜂上，不取食蜂体血淋巴，常栖息于植物的花上，以其花粉为食。当蜜蜂采集时，雌螨常附着在蜂体上，但它不危害蜜蜂和蜂群，无专性寄生关系，可能对蜂群有轻度骚扰，造成蜜蜂不大安静。

3. 外蜂盾螨和背蜂盾螨 它们均属真螨目，跗线螨科。前者最早在瑞士发现，后者最早在英国发现。这两种螨目前只寄生在西方蜜蜂上。属外寄生螨，常侵染无王群，正常蜂群很少感染。它们对蜂群的危害和对经济价值的影响并不大。成螨和幼螨通过刺吸式口器吮吸蜜蜂颈胸部的体液，造成蜂群间接感染麻痹病。

4. 柯氏热厉螨 属寄螨目，厉螨科。成螨呈卵圆形，雌成螨长 684～713 微米，宽 433～456 微米，雄成螨长 570 微米，宽 364 微米。最早是在大蜜蜂上发现的。其还能寄生在黑色大蜜蜂上。其危害性目前还不清楚。

5. 巢蜂伊螨 属寄螨目，厉螨科。呈卵圆形，雌成螨褐色，大小 0.79 毫米×0.68 毫米。雄成螨体色浅，大小为 0.5 毫米×0.47 毫米。该蜂螨首次在意大利蜂箱内发现。非专性寄生，通常生活在蜂箱里或附着在蜂体上。取食习性未知，可能是取食节肢动物的卵，其危害性尚不清楚。

6. 真瓦螨 属寄螨目，瓦螨科。分卵、幼螨、前期若螨、后期若螨和成螨 5 个虫态。雌成螨棕色、阔梨形，体长 1.04 毫米，宽 1.00 毫米。最早在小蜜蜂蜂巢内发现，只外寄生于其雄蜂幼虫，在其封盖的雄蜂幼虫房内繁殖。真瓦螨也寄生于意蜂体上，雌螨一般随雄蜂羽化出房，寄生于雄蜂胸部、胸侧片和胸腹节之间。它对养蜂生产危害不大，没必要进行防治。

八、蜜蜂病毒病及其防治

（一）蜜蜂囊状幼虫病

蜜蜂囊状幼虫病又叫尖头病、囊雏病。是由肠道病毒属的囊状幼虫病毒引起的蜜蜂幼虫传染病，在世界各地均有发生。西方蜜蜂对该病的抵抗力较强，感染后常可自愈。东方蜜蜂对该病的抵抗力弱，在大面积流行中，中蜂几乎遭到毁灭性损失，该病是蜜蜂主要的病害之一。

1. 病原　引起囊状幼虫病的病原是肠道病毒属的囊状幼虫病毒，该病毒对外界不良环境的抵抗力不强，在 59 ℃热水中只能生存 10 分钟，室温干燥情况下可以存活 3 周。在病虫尸体内可以存活 1 个月，如果病虫尸体腐败则只能活 7～10 天。该病毒在王浆中可以存活 3 周，悬浮在蜂蜜里可存活 5～6 小时；据资料报道在蜂粮中可存活 100～120 天，残留在巢房壁上的病毒夏季能存活 80～90 天，冬季则 90～100 天，这就是该病在蜂场中反复发生的原因。阳光直射 4～7 小时可以杀死病毒。

2. 流行病学特点　该病的发生具有明显的季节性，南方多发生于 2～4 月与 11～12 月，北方多发生于 5～6 月。其发病率与外界气温和蜜蜂饲养条件有关，天气骤变或饲料不足都是发病的诱因。

患病幼虫及健康带毒的工蜂是该病主要的传染源，通过消化道感染是病毒侵入蜜蜂体内的主要途径。工蜂食入被病虫污染的蜂粮或清理病虫的过程中，成为健康带毒者。病毒在工蜂体内特别是王浆腺中增殖，当工蜂饲喂幼虫时就将病毒传给了健康的幼虫。外勤蜂采集了污染病毒的花粉和花蜜，便将病毒带回蜂群，使该病在蜂群间传播，盗蜂、迷巢蜂、雄蜂、蟑螂和巢虫等也是该病毒的传播者。此外，在饲养管理过程中，使用被病毒污染的饲料、混用蜂具和调蜂等也会造成人为的污染，将病毒传给健康蜂群（图 8-1）。

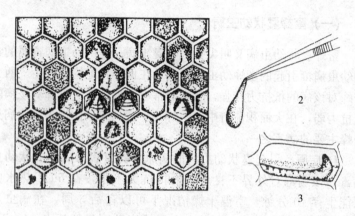

图 8-1　囊状幼虫病的病原体和症状
1. 钩状幼虫　2. 囊状幼虫　3. "龙船状"硬皮

3. 临床症状　该病最易感染 2～3 日龄幼虫。病毒从消化道进入幼虫体内后，在中肠细胞、脂肪细胞和气管等组织中大量增殖，潜伏期 5～6 天。因此，患病幼虫一般死亡在封盖之后。死亡幼虫呈尖头子、头部上翘、白色无臭味、体表失去光泽，表皮增厚。从巢房中拖出病死的死幼虫呈囊状，含有颗粒液体。没被拖出巢房的死幼虫残留在巢房里，体色逐渐变成黄褐色至褐色，最后呈一棕黑干片与巢房易脱离。成年蜂感染病毒后，一般不表现症状。

发病初期，少数死虫被工蜂清理，蜂王又重新产卵，因而在同一脾面上出现卵、虫、蛹错杂的"花子现象"。

4. 诊断 在蜂场现有的条件下，主要根据临床症状和流行病学特点进行综合诊断。

蜂群诊断：先观察蜂群活动情况，发现工蜂从箱内拖出病死幼虫，或在巢门前地上看到病死幼虫，就要进一步开箱检查。打开箱盖，发现有插花子脾，并有囊状幼虫病的典型症状，就可以初步确立诊断。

鉴别诊断：该病应与美洲幼虫腐臭病相区别，美洲幼虫腐臭病又称烂子病，是由幼虫芽孢杆菌引起的一种幼虫的细菌性传染病。和囊状幼虫病的相似之处是这两种病均引起封盖以后的幼虫大量死亡。但各有其特点见表8-1。

表8-1　囊状幼虫病与美洲幼虫腐臭病鉴别表

	病原	发病时间	死亡虫体病变			
囊状幼虫病	病毒	封盖子发病	无臭味	无黏性	枯干后呈褐色龙舟样	枯干后易与巢房分离
美洲幼虫腐臭病	细菌	封盖子发病	腐败、鱼腥臭味	黏性强用镊子可拉成细丝	枯干后呈黑色鳞片样	枯干后不易与巢房分离

5. 防治

（1）以防为主　蜂场、越冬室、工作室等平时要保持清洁。可用5％漂白粉溶液，或用10％～20％石灰乳定期喷洒，最少春、秋各1次，阴湿的场地可直接撒石灰粉。蜂场的蜂尸及其他脏物清扫后，要烧毁或深埋。

蜂箱和蜂具在保存和使用前也要严格消毒，蜂箱在刮净、洗净蜂胶、蜂蜡后，可用灼烧法消毒。其他蜂具可以洗净后用日光照射消毒，也可用福尔马林蒸汽消毒，此外也可用5％漂白粉浸泡12小时、30％生石灰乳2～3天或4％福尔马林12小时浸泡，取出后用分蜜机摇出药液，再用清水漂洗数次，最后摇出水分，晾干备用。

一些可以煮沸的衣物及小型蜂具,可以煮沸 1～2 小时消毒。

(2) 病蜂群隔离处理 执行检疫制度,保护未发病地区,患病蜂群禁止流动放蜂,严防病原扩散,不到疫区放蜂。

发现患病蜂群应迅速将其迁移到离蜂场 1～2 千米以外的地方。先紧脾,抽出患病严重的子脾化蜡。将蜂群连脾换入已消毒的蜂箱,进行药物治疗。并暂时不再开箱检查,往往可以收到良好的效果。被病蜂污染的蜂箱、蜂具和衣物要严格消毒。工作人员检查病蜂群后要用肥皂水洗手,然后再去接触健康蜂群。

被病蜂污染的花粉脾可以直接用甲酸或乙酸(冰醋酸)消毒后使用。具体做法是:将花粉脾依次放在空巢箱内,在箱内框梁上放一个 20 厘米×20 厘米扎有孔的塑料袋,袋内填满棉花,每个箱体放一个。然后在塑料袋内注入 100 毫升甲酸或 150 毫升乙酸。注入药物之前,上下巢门以及蜂箱缝隙全部密封。注入药物后,盖严箱盖,甲酸熏蒸 3 昼夜,乙酸则 4 昼夜。打开蜂箱盖,通风 2 昼夜。实验证明,这种经过消毒的花粉对蜜蜂和蜂子无害。

(3) 加强饲养管理,提高蜂群抗病能力 在春季气温较低的情况下,应将弱群适当合并,做到蜂多于脾,以提高蜂群的清巢和保温能力。对于患病蜂群,可通过换王或幽闭蜂王的方法,人为地造成断子一个时期,以利于工蜂清扫巢房,减少幼虫重复感染的机会。在发病季节,应注意留足蜂群的饲料。对于饲料不足的蜂群,必须进行人工补足饲喂,特别是蛋白质饲料及多种维生素的饲喂。

(4) 抗病选种 从发病蜂场中选择抗病力较强的蜂王作为母群,移虫养王用以更换病群的蜂王。与此同时选择抗病性强的蜂群作为父群培育雄蜂,并采取措施将病群雄蜂杀死。连续几代选择就可以使蜂群对该病的抵抗力增强。

(5) 药物治疗 中草药,以下剂量均可喂 10 框蜂:

① 华千斤藤（海南金不换）10 克。

② 半枝莲 50 克。

③ 板蓝根 50 克。

④ 五加皮 30 克，金银花 15 克，桂枝 9 克，甘草 6 克。

⑤ 贯众 30 克，金银花 30 克，甘草 6 克。

上述配方，经过煎煮、过滤、浓缩，配成 1∶1 白糖水 500 毫升左右喂蜂，连续或隔日喂 4～5 次为 1 个疗程，停药几天再喂 1 个疗程，直至痊愈。

（二）蜜蜂蛹病

蜜蜂蛹病又叫死蛹病，是由蜜蜂蛹病毒引起的，一种新的传染病。意蜂发病普遍，受害较重，中蜂较少发病。患病蜂群常出现见子不见蜂现象，蜂蜜和蜂王浆产量明显降低，严重者造成蜂群死亡。

1. 病原　为 RNA 型蜜蜂蛹病毒，是一种蜜蜂新病毒。

2. 流行病学特点　本病的发生与气候、蜂种和蜂王年龄有关。晚秋或早春，蜜源缺乏或饲养管理不当，使蜂群处于饥饿状态或消化不良，再遇阴雨寒潮，就易诱发蛹病；不同品种或品系的蜜蜂其抗病性也有差异，西蜂中意大利蜂抗病性较差，受其危害严重。而卡尼鄂拉蜂和东北黑蜂抗病性强，发病较轻。中蜂则很少发病；老龄蜂王群易感病，而年青蜂王群发病轻。

蜂群中的病死蜂蛹和患病蜂王是本病主要的传染源，被污染的巢脾及其他蜂具等是主要的传播媒介。病毒主要寄生于工蜂头部及中肠细胞中，患病蜂王卵巢细胞中也可见到病毒颗粒。

3. 症状　病毒在大幼虫阶段侵入幼虫体内，发病虫体失去天然光泽和丰满度，而变成灰白色，逐渐变成浅褐色至深褐色。死亡的蜂蛹呈暗褐色或黑色，尸体无臭味、无黏性，多呈干枯状，也有的湿润。巢房多被工蜂咬破，露出头部呈"白头蛹"。

有少数病蛹可发育成成蜂，但这些幼蜂体质衰弱，不能出房而死于巢内。有的勉强出房，发育不健全，不久即死亡。患病蜂群的群势下降，工蜂采集力、分泌王浆和哺育幼蜂的能力下降，病情严重的蜂群出现蜂王自然交替或飞逃。

4. 诊断　主要根据临床症状和流行病学特点进行综合诊断。

（1）蜂群诊断　先在蜂箱外观察，若发现患病群工蜂表现疲劳，出勤率降低，在蜂箱前或场地上爬行，并可见被工蜂拖出的死蜂蛹或发育不健全的幼蜂时可开箱检查。开箱提取封盖巢脾，若发现封盖子脾不整齐，出现该病的典型症状和插花子脾现象，即可初步确立诊断。

（2）鉴别诊断　该病应与以下几种病相区别，每种病都有各自的特点。

蜂螨：受蜂螨危害的蜂群常出现幼蜂翅残缺或蜂蛹死亡，并可在蜂体及巢房内的蜂蛹和幼虫体上检查到蜂螨。

巢虫：受巢虫危害的蜂群一般是弱群，常出现成片封盖巢房被工蜂开启，死蛹头部暴露，也呈白头蛹，但拉出死蛹后可见到巢虫。

囊状幼虫病：多出现在大幼虫阶段，死亡幼虫挑起时呈典型的囊袋状。

美洲幼虫腐臭病：受美洲幼虫腐臭病危害严重的蜂群也会出现死亡蜂蛹，其典型特征是死蛹吻伸出，而患蜂蛹病死亡的蜂蛹无此症状。美洲幼虫腐臭病的受害者多为大幼虫，死亡幼虫腐败，发出鱼腥臭味，用镊子挑时可拉成 2～3 厘米的细丝。

5. 防治　其预防措施以及发现病群后的处理，基本同囊状幼虫病。由于蜜蜂品种间抗病性有差异，同样品种，不同蜂群间抗病性也不一样。该病流行时，有些蜂群发病严重，有些蜂群发病轻，有些蜂群不发病。所以，可以选择不发病蜂群作为种群，培育蜂王用以更换病群中的蜂王，以提高蜂群的抵抗力。

治疗可用以下药物。

（1）蛹泰康　中国农科院蜜蜂研究所蜂药厂研制生产的药物。具体用法见使用说明书。

（2）中草药　可将板蓝根、金银花、大青叶、连翘、贯众等具有抗病毒功能的中草药经煎煮等处理后，配制成1:1白糖水，根据经验使用，可收到好的疗效。

（三）慢性麻痹病

慢性麻痹病又叫瘫痪病、黑蜂病，是由病毒引起的危害成年蜂的主要传染病。

1. 病原　引起蜜蜂慢性麻痹病的病原为肠道病毒属的慢性蜜蜂麻痹病病毒。该病毒在30℃时致病性最强，在−20℃时悬浮在水溶液中的病毒颗粒，可保持其病原性达6个月；在蜂尸中，能保持毒性达2年，附着在尸体表面的病毒，在4℃时，经过几天就丧失其活力，仅有10%左右的病毒颗粒，能保持活力达2个月左右。当加热至90℃时，30秒钟即可将其杀死。

2. 流行病学特点　该病的发生有较明显的季节性，一般一年中春、秋各有一个发病高峰期。发病的气温15～20℃，相对湿度50%～65%。

病蜂体内的病毒大约半数以上集中于其头部的脑、上颚腺、王浆腺等，此外腹神经节、肠也含病毒。病毒在这些组织的细胞中增殖，便破坏其功能。

病毒在蜂群中传播可以通过以下几个途径：

（1）由于蜜蜂具有分食性，而病蜂的蜜囊、上颚腺及王浆腺中含有大量的病毒粒子，因此在分食的过程中，将病毒传递给其他健康蜜蜂，引起传染。

（2）因为头部腺体中含有病毒粒子，处于疾病潜伏期的病蜂或貌似健康带毒蜂采回的花蜜、花粉中含有大量的病毒粒子，健康蜂吞食被污染的花粉后感染病毒，而花蜜中的病毒粒子被稀释，其造成传染的危险性较花粉小。

（3）由于蜂巢拥挤蜂体间的相互摩擦，蜂螨的寄生或饲养管理不当等原因造成蜂体表皮破损，病毒可以通过伤口直接进入血淋巴而引起传染。应该指出的是，通过伤口侵入是高效的，很少量的病毒就可造成蜜蜂感染。

（4）大蜂螨在蜂群中寄生过程中，通过吸吮健康蜂和病蜂的体液，使该病毒在蜂群中传播。

3. 症状 由于慢性麻痹病毒主要侵害蜜蜂的神经系统，所以病蜂主要表现为神经症状。此外，根据症状又可将其分为两种类型。

（1）大肚型 蜜蜂腹部膨大，蜜囊充满液体，其内含有大量病毒颗粒，失去飞行能力，倦呆，行动迟缓，身子和翅不停地颤抖。在地上缓慢爬行或集中于巢脾框梁上和蜂箱底部，翅和足伸开呈麻痹状态，常被健康蜂追咬。

（2）黑蜂型 病蜂身体瘦小，腹部不膨大，绒毛脱光，身体发黑，似油炸过一般。翅常缺损，身体和翅颤抖，失去飞行能力，不久衰竭死亡。

这两种类型的病蜂，在蜂群中常常交错出现。在早春或晚秋，由于气温较低，蜂群群势较弱，所以多以大肚型为主。但到了夏、秋以后，由于这时气温较高，蜂群群势较强，蜜蜂活动旺盛，蜜蜂互相追咬频繁，则多以黑蜂型的病蜂为主。解剖可见病蜂的蜜囊常呈麻痹性膨大，里面充满蜜汁；中肠呈乳白色，失去弹性；后肠常充满黄褐色稀粪，病蜂伴有下痢现象；拉开内脏可见腹神经节失去原有的光泽，变成灰黄色。

4. 诊断 蜂场一般根据症状和流行病学特点，做出综合诊断。若发现蜂箱前和蜂群内有腹部膨大或头部和腹部末端体色发暗黑，身体颤抖的病蜂，再结合发病季节，附近蜂场是否也有同样疾病流行等情况，可以初步诊断为患慢性麻痹病。

5. 防治 该病的预防措施以及发现病群后的处理办法与囊状幼虫病的处理办法相同。此外，可采取以下措施。

（1）防止蜂群受潮，将蜂群迁移到向阳干燥的地方。

（2）给患病蜂群补充蛋白质饲料，可用牛奶粉、黄豆粉等配合多种维生素进行饲喂，以提高蜂群对病害的抵抗能力。

（3）用无病群培育的蜂王更换患病群的蜂王，这是目前防治该病的一项有效措施。

（4）升华硫黄，对病蜂有驱杀作用，患病蜂群每群每次用10克左右的升华硫，撒布在蜂路上、框梁上或蜂箱底部，可以有效地控制麻痹病的发展。

（5）由于螨是该病毒的携带者和传播者，所以要注意适时治螨。

（6）药物治疗。

抗蜂病毒Ⅰ号：中国农科院蜜蜂研究所等单位联合研制的防治该病的药物，具有好的疗效。

具有抗病毒作用的中草药：如金银花、大青叶、贯众、连翘、板蓝根等，可根据经验使用。

（四）急性麻痹病

该病是由急性蜜蜂麻痹病病毒引起的成年蜜蜂的传染病，是一种隐性传染病传播。

1. 病原　该病的病原为肠道病毒属的急性蜜蜂麻痹病病毒。虽然该病毒主要也是侵害蜜蜂的神经系统，但它与慢性蜜蜂麻痹病病毒是两种不同的病毒，在35℃时致病性最强。

2. 流行病学特点　该病主要通过成蜂唾液腺分泌物污染的食物进行传播。在实验室条件下通过饲喂，该病毒不在幼虫体内增殖。当成蜂食入的病毒量低于致死量时，病毒在成蜂的脂肪体、脑、王浆腺及唾液腺等组织细胞中增殖，但并不引起明显的伤害，病蜂不表现任何症状，是一种隐性病害。而当病毒粒子进入蜜蜂的血淋巴，才会引起全身感染而死亡。由此可见，蜂螨是该病毒最危险的传播者。当蜂螨侵袭带毒的蜜蜂时，使蜜蜂组织受到损伤，病毒粒子进入血淋巴中，蜜蜂出现全身症状而死亡。

3. 症状　自然界中的蜜蜂尚无自然发病的报道。采用人工感染的方法，将病毒注射入蜜蜂血淋巴，5～9 天后蜜蜂发生蜂体震颤，并且腹部膨大，很快死亡。

4. 防治　防治方法参照慢性麻痹病的防治。

（五）蜜蜂其他病毒病

随着蜜蜂病毒病日益受到人们的重视，目前已从世界各地的蜂群中发现了许多新的病毒病。这些病毒病当中有些我国目前还未发现。但是，通过蜜蜂引种、输入、输出以及其他媒介的传播，新的病毒病今后有可能被带入我国。因此，我们有必要对已确定的病毒病有所认识。

1. 缓慢性蜜蜂麻痹病　是由缓慢性蜜蜂麻痹病毒引起的成蜂病变的传染病。目前在我国尚未发现此病。

该病毒是在英国的成年蜂的一种不明显感染中发现的。用人工注射的方法，将病毒接种于成年蜂的血体腔内，大约 12 天后蜜蜂死亡。其典型症状为病蜂在死前 1～2 天表现出前足震颤。未有症状明显的自然发病的报道。

2. 克什米尔蜜蜂病毒　该病毒最早（1977 年）于克什米尔的东方蜜蜂——印度蜂体内发现，1979 年又在澳大利亚的西方蜜蜂体内发现，但两者不属于同一病毒株。以后在加拿大、西班牙、新西兰的蜜蜂中也检测到了该病毒。

该病呈隐性感染，不引起明显的症状。在实验室里，以该病毒饲喂蜜蜂幼虫及成蜂时没有反应，但若将病毒注入蜜蜂体腔则迅速致死。

隐性感染过程中，该病毒位于肠道的组织细胞中进行低水平的增殖，不表现症状。但当合并感染于孢子虫病、或欧洲幼虫腐臭病时，该病则造成较大的损失。这可能是由于其他病原体损伤蜜蜂的肠道，使病毒进入血淋巴，在那里迅速增殖而引起蜜蜂死亡。因此，防治孢子虫病和欧洲幼虫腐败病，可以避免该病造成的损失。

3. 黑蜂王台病毒 黑蜂王台病毒已经在欧洲、北美和澳大利亚鉴定出来。它侵染封盖期发育的蜂王蛹。本病主要在春季和初夏流行，如果出现在培育蜂王的蜂群中，会使蜂王的羽化率降低。染病的蜂王幼虫呈暗淡黄色，并有一层坚韧似囊状的表皮，与囊状幼虫病的症状相似。黑蜂王台病毒侵染的蛹死亡后迅速变黑，最终王台壁变成褐色至黑色。

与囊状幼虫病不同，该病毒被工蜂幼虫以及幼年蜂或雄蜂摄入后，在工蜂幼虫、幼年蜂、雄蜂等的体内不增殖；将病毒注射于工蜂或雄蜂体内时也不易增殖。而在患孢子虫病的蜜蜂体内该病毒迅速增殖。这是由于蜜蜂微孢子虫侵染蜜蜂的中肠上皮，使消化道对黑蜂王台病毒的感受性增强。受该病毒和微孢子虫双重侵染的蜜蜂的寿命比只感染微孢子虫病的蜜蜂的寿命短。

4. 云翅病毒 云翅病毒病是蜜蜂常见的病毒病，目前已从英国、埃及、澳大利亚和加拿大等地的蜂群鉴定出该病毒的存在。

该病的发生无季节性，目前认为是由空气传播。其典型症状是患病蜜蜂的翅失去透明度，病毒在蜜蜂的头部和胸部增殖，使蜜蜂寿命缩短。

5. 阿肯色蜜蜂病毒 阿肯色蜜蜂病毒最初是从美国阿肯色州饲养的成年蜜蜂体内发现的。目前在美国很普遍，但从世界其他国家和地区尚未检出。该病常表现隐性感染，病毒可以在表面健康的蜜蜂体内长期生存，在采集来的花粉团中也可以检查到。接种该病毒的蜜蜂不表现明显可识别的症状，但是在 14 天后全部死亡。

6. 线病毒 线病毒病也是成年蜂的病害，目前已在北美、英国、俄罗斯、澳大利亚和日本发现该病毒的存在。它是英国最常见但致病性最小的蜜蜂病毒。

该病的症状与立克次氏体病的症状非常相似，病毒粒子在成年蜂脂肪体及卵巢组织中增殖，病蜂的血淋巴可变成乳白色，其中带有大量的病毒粒子。孢子虫病常与线病毒有关，防治孢子虫病有助于控制该病的发生。

7. 蜜蜂虹彩病毒病　到目前为止，仅从克什米尔地区的印度蜂体内分离出该病毒。

病蜂的主要症状为：失去飞翔能力，大量群集，在蜂箱周围的场地上爬行，直至死亡，主要发病在夏季。病毒增殖于蜜蜂的脂肪体、消化道、舌腺和卵巢等，被感染组织变成蓝色，与周围的乳白色正常组织有明显区别。此外，病毒通过粪便及分泌物，排出体外，污染环境，蜜蜂在交换食物、饲喂幼虫和清理巢房等活动中感染本病。

8. 蜜蜂 X 病毒和 Y 病毒　蜜蜂 X 病毒和蜜蜂 Y 病毒具有同样大小的颗粒，并在生物学方面相似，它们都只在成蜂的消化道出现。这两种病毒已从北美、澳大利亚、欧洲大陆和英国的蜂群中分离出来。

蜜蜂 X 病毒比蜜蜂 Y 病毒的致死性强但较少见，除了缩短成蜂的寿命之外，两者均不引起任何症状。在英国，Y 病毒于5～6 月流行，而 X 病毒病的发生高峰在冬季。Y 病毒与孢子虫病有联系，实验证明，摄入微孢子虫孢子比不摄入时蜜蜂更易受Y 病毒感染。X 病毒与变形虫有关，据认为，X 病毒与马氏管变形虫同时存在时比 X 病毒单独发生时具有更强的毒力。目前，这两种病毒不引起蜜蜂大量死亡，因此意义不大。

9. 蜜蜂埃及病毒病　蜜蜂埃及病毒，目前仅在埃及的西方蜜蜂体内发现，呈隐性感染。对于该病的症状与病毒的生物学特性等，有待于进一步的研究。

（六）爬蜂病

爬蜂病是民间对病蜂以爬行于巢房门口等处为主要症状的一

类病的总称。其病因、发病机理尚未完全清楚。但是该病流行面积大，蜂群损失严重，已成为威胁我国养蜂生产的主要病害之一。

1. 病原　从目前的调查研究结果分析，引起爬蜂病的原因较复杂，有生物性的也有非生物性的，因此，患病后的表现也各有其特点。

（1）生物性因素

孢子虫病：据调查取样和送检的爬蜂病样检测结果看，其中属于孢子虫病的占 37.5％左右。看来孢子虫病是引起爬蜂的主要原因。孢子虫寄生于蜜蜂中肠上皮细胞，破坏中肠正常的功能，造成成蜂营养不良而死亡。

蜜蜂病毒病：引起蜜蜂爬蜂的病毒主要是慢性麻痹病毒和急性麻痹病毒等，其中以慢性麻痹病毒引起的爬蜂发病率最高。病毒在蜜蜂的脑和神经节增殖，使蜜蜂麻痹而死亡。

蜜蜂螺原体病：螺原体是一种呈螺旋状、能运动、无明显细胞壁的原核生物。目前从病蜂和刺槐花表面分离到的螺原体对蜜蜂均有致病性。

细菌：正常情况下蜜蜂肠道中有多种细菌生长、繁殖，它们共同维持蜜蜂肠道内环境的平衡。当蜜蜂受到外界环境骤变等不良因素的刺激，体质下降时，肠道内某些细菌就会大量繁殖，使正常菌系水平破坏，导致蜜蜂发病，出现爬蜂症状。在采集和送检的爬蜂病样中，这种病例占有一定的比例。

（2）非生物性因素

饲料：爬蜂病的发生与饲料有一定的关系。据调查了解，20世纪 70 年代以前春繁期大多采用自然花粉，很少发现爬蜂现象。20 世纪 80 年代中期开始大量使用人工花粉或人工代用花粉。人工花粉保存不当，很容易霉败，诱发蜜蜂疾病。而人工代用花粉的主要原料有大豆、奶粉、酵母等，其中如大豆米炒熟或奶粉未脱脂都会引起蜜蜂消化不良，而出现爬蜂。

饲养管理：近年来春繁时间不断提早，加之饲养管理不当，就会导致出房的幼蜂体质差，抗病力下降。此外，春繁时巢内饲料不足，蜜蜂处于饥饿状态，也会造成本身体质下降和其子代不健康，而诱发爬蜂病。

气候：该病的发生与气候变化有很大关系。例如，在南方春季蜂群繁殖，2、3月外界已有蚕豆、油菜等蜜粉源，天气好时蜜蜂采集积极，进粉量大。一旦寒潮来临，气温骤降，阴雨连绵，蜜蜂不能出勤。由于幼蜂食用花粉过量，不能及时出巢排泄，就会引起消化不良，出现花粉胀，后肠积满花粉，发生大肚型爬蜂病。

应该指出的是，爬蜂病的发生虽然都有其主导因素，但往往是多种因素共同作用的结果，单一因素一般不会造成该病的流行。例如，饲养管理、气候等原因造成蜜蜂体质下降，各种病毒就容易乘虚而入。

2. 症状　不同病因引起的爬蜂，有其不同的症状特点。孢子虫病的特点是蜜蜂患病初期症状不明显，随着病情发展，病蜂失去飞行能力，在巢箱内外爬行。病蜂的中肠呈苍白色、膨大、失去环纹和光泽。慢性麻痹病的大肚型病蜂腹部膨大，足和翅颤抖，最后足、翅伸开呈瘫痪状态。黑蜂型的病蜂呈油炸样，此病多发生于夏、秋高温季节。急性麻痹病的蜜蜂症状不明显，发病快，死亡率高，甚至短时间内造成全群覆没的局面。患螺原体病的蜜蜂大多数为青壮年采集蜂，严重时幼蜂大量爬出箱外，死蜂双翅展开，吻吐出，似中毒症状，但蜂群缺乏其他中毒的典型症状。花粉胀与气候有明显关系，病蜂腹部膨大，后肠积满大量花粉，粪便呈黄色且较硬。

3. 诊断　蜂场主要根据症状和流行病学特点，进行综合诊断。

4. 防治　由于该病的病因复杂，又没有特效药物。所以采取以预防为主、防治结合的综合措施，方可收到良好效果。

（1）预防为主　平时要做好蜂场的清洁卫生和消毒工作，发现病群后要做好隔离和消毒工作，以防病害蔓延，具体做法可参看"囊状幼虫病"。蜂场要设在背风、向阳的地方，并具有清洁的水源，高温季节注意蜂箱通风和遮阳。

（2）培育优良种王　根据当地气候和蜜源条件，引进适合本地区饲养的优良蜂种。在生产实践中，可在本蜂场选择抗病性强的蜂群作为种群，选育抗病蜂王，这项工作最好是在外界蜜粉源丰富、蜂群处于繁殖高峰时期进行。此时，蜜蜂工作积极、泌浆多，培育的蜂王健壮。

（3）加强饲养管理　蜂蜜和花粉是维持蜜蜂生命活动的基本物质，同时又有调节蜂巢内温、湿度的作用。所以一年四季要保证饲料充足。首先，要留足越冬饲料，春季饲料不足要早喂，非生产季节发现饲料不够要在 3～5 天内补足。没有蜜粉源时最好不要生产王浆，健康的蜂群是抗病的前提。

（4）药物治疗　不同的病因采用不同的治疗方法，具体措施参看有关章节。例如，大肚病（花粉胀），①蛋白酶 1 片、多酶片 1 片，研成粉末加糖水 1 000 毫升，每框 100 毫升，3 天喂 1 次，连喂 5 次。②大黄苏打片 5 片，配成药物糖浆 1 000 毫升，每框蜂 50 毫升，可喷喂结合，3 天 1 次，连续 3～4 次。

九、蜜蜂细菌病及其防治

（一）美洲幼虫腐臭病

美洲幼虫腐臭病又叫烂子病和臭子病，是细菌引起蜜蜂幼虫病变的顽固性传染病。西方蜜蜂容易感染，中蜂具有抵抗力。此病分布极广，危害性大，是一种毁灭性的蜜蜂病害。

1. 病原　美洲幼虫腐臭病的病原为幼虫芽孢杆菌，为革兰氏阳性菌。由于能够形成芽孢，幼虫芽孢杆菌对外界不良环境有很强的抵抗力。在干枯的病虫尸中能存活 7～15 年，在干枯的培养基上能存活 15 年，在 0.5% 过氧乙酸溶液中能存活 10 分钟，在 0.5% 次氯酸钠溶液中能存活 30～60 分钟，在 4% 福尔马林溶液中能存活 30 分钟。要杀死芽孢，在 100 ℃ 的沸水中需 15 分钟，在煮沸的蜂蜜中需经 40 分钟以上，幼虫芽孢杆菌生长的最适温度是 37 ℃。

2. 流行病学特点　美洲幼虫腐臭病常年均有发生，夏、秋高温季节呈流行趋势。患病蜂群轻者影响繁殖和生产力，重者造成全群甚至全场蜂群覆没。

病虫和病尸是该病主要的传染源，它们污染巢脾和饲料。工蜂在清理巢房和病尸时成为带菌者，再通过饲喂将病原菌传递给健康的幼虫。病菌从消化道进入幼虫体内，但不在消化道中繁殖，而是进入血淋巴大量繁殖，引起幼虫发病死亡。此外，管理人员不注意卫生消毒，健康群和病群混用蜂具、迷巢、盗蜂、蜡螟、蜂螨的寄生等都会造成本病的传播。

3. 症状　该病常使 2 日龄幼虫感染，4～5 日龄幼虫发病，但症状不明显，封盖以后幼虫死亡。死亡封盖子的房盖色泽变深，下陷，而且常被工蜂咬破穿孔。病尸最初呈浅褐色、褐色，最后变成棕黑色。虫尸腐败后呈胶状，有腥臭味，用镊子挑取可拉成2～3厘米长的细丝。尸体干枯后，呈黑色的鳞片状物，紧贴房壁不易清除。检查巢脾可见卵、幼虫、封盖子相间的插花子脾，蜂群出现见子不见蜂的现象（图9-1）。

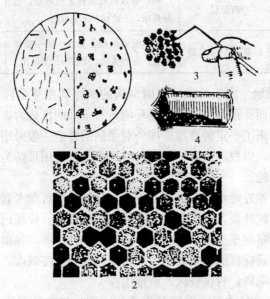

图9-1 美洲幼虫腐臭病的病原菌和症状

1. 幼虫芽孢杆菌（左是营养体、右是芽孢）

2. 患病的多数是封盖幼虫，其巢房盖发黑、下陷、有穿孔

3. 用镊子挑虫尸，能拉成细丝 4. 死幼虫的干尸体紧贴于巢房下侧

4. 诊断 症状诊断：从可疑患病蜂群中，抽出封盖子脾1～2张，若发现该病的典型症状即可做出初步诊断。

生化反应诊断（牛奶试验）：取新鲜牛奶5滴，置于一块干净的玻璃片上，用牙签挑取可疑该病死亡虫体于牛奶中轻轻搅匀，在40秒钟内即可产生坚固的凝乳块，而健康幼虫需要13分钟以后产生凝块。

鉴别诊断：应该与蜜蜂幼虫的另一种细菌性传染病——欧洲幼虫腐败病相区别（表9-1）。

表9-1　美洲幼虫腐臭病与欧洲幼虫腐臭病的鉴别诊断

	发病死亡日龄	病 尸 特 点	牛奶试验
美洲幼虫腐臭病	封盖后	病尸腐败后有黏性能拉成丝，鱼腥臭味，干枯病尸不易取出	（＋）
欧洲幼虫腐臭病	封盖前2～4日龄	病尸腐败后稍有黏性，但不能拉成丝，有酸臭味，干枯病尸易取出	（－）

5. 防治　由于美洲幼虫腐臭病的病原幼虫芽孢杆菌可以形成芽孢，而芽孢对于外界不良环境具有很强的抵抗力，因此给防治工作带来了一定的难度。国外对患病的蜂群一般采用烧毁并深埋的办法，以根除病源，我国的养蜂者大都采用预防为主、综合防治的措施。

（1）做好蜂场的日常消毒工作　详细做法可参考囊状幼虫病的防治，此外新办蜂场要从健康蜂场挑选蜂群。蜂场内特别是巢门前，一星期至少清除一次杂草、垃圾和死蜂等，并集中烧毁。

（2）病蜂群的隔离处理　严格执行蜂群检疫制度，发现病蜂群要及时隔离，封锁疫区，就地治疗。

① 仔细检查每一群蜂是否患病，假如患病的是强群，可提出和烧毁全部染病的子脾；如果患病严重，群势衰弱，应将病群全部焚烧并深埋。

② 将病群移入消过毒的蜂箱。具体做法是在原蜂群位置上洒上湿生石灰粉，再放一个消过毒的蜂箱，内装消过毒的巢脾，巢门口放一张干净纸，把病蜂群的蜂逐脾抖在纸上，再用烟雾将蜂驱赶入已消毒的蜂箱，然后把纸烧掉。换出的病脾要及时烧毁，其余的巢脾、蜂箱、隔板等彻底消毒。

蜂具消毒法　巢脾和蜂箱可以用福尔马林熏蒸24～48小时

的方法；巢脾和其他蜂具也可用 4％福尔马林（1 份福尔马林原液加 9 份水）溶液、3％乙酸或甲酸溶液、5％漂白粉溶液、3～5 食用碱溶液浸泡 24 小时的方法，其中福尔马林对眼、鼻、口腔黏膜有刺激性，使用时要带胶皮手套和口罩；蜂箱可用喷灯火焰灼烧箱体内壁或用稻草等燃烧烘烤箱底和内壁；工作服、面网等煮沸 30 分钟；分蜜机用 5％食用碱热溶浸泡 6 小时，然后冲洗干净。

③ 在结合换箱的同时可以用 0.1％新洁尔灭溶液喷洒蜂体，进行蜂体消毒。一次不要太多，每天 1 次，连喷 2 天。

（3）加强饲养管理 一年四季都要保持蜂群具有充足的饲料，来路不明的蜂蜜、花粉不用作饲料。培育抗病蜂王，养强群，增强蜂群自身的抗病性。

（4）药物治疗 建议使用一些具有抗菌效果的中草药，例如，啤酒花、金银花、马齿苋、蒲公英等也可收到好的疗效。

（二）欧洲幼虫腐臭病

欧洲幼虫腐臭病是蜜蜂幼虫的又一种细菌性传染病。在世界各地均有报道。其传播快、危害性大，在中蜂发生普遍，西蜂也有发生（图 9-2）。

1. 病原 欧洲幼虫腐臭病的病原菌是蜂房蜜蜂球菌，为革兰氏阳性菌。在患病的病虫体内还可以分离到其他的次生菌，如蜂房芽孢杆菌、变异型蜜蜂链球菌等，这些次生菌能加速幼虫的死亡。蜂房蜜蜂球菌不形成芽孢，所以不耐酸，生长、繁殖所需的 pH 为 5.5～9.5。在死虫的干尸中蜂房蜜蜂球菌能长期存活。

2. 流行病学特点 病害的发生有明显的季节性。在我国南方，一年当中有两次发病高峰，一次是 3 月初至 4 月中，另一次是 8 月下旬至 10 月初，基本上与春繁和秋繁相重叠。繁殖期刚开始时，蜂群内幼虫数量少，提供给幼虫的营养丰富、充足，幼虫发育健康，抗病性强，如有少量病虫也很快被清除。随着繁殖

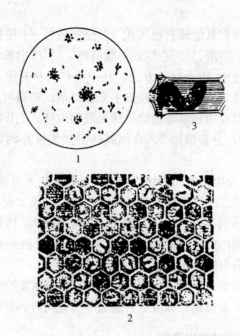

图 9-2　欧洲幼虫腐臭病的病原菌和症状

1. 蜂房蜜蜂球菌　2. 患病的常是 4 日龄未封盖的幼虫

3. 死幼虫的硬皮呈螺旋形，不黏附于巢房壁上

高峰期的到来，幼虫数量猛增，提供给幼虫的营养远不如繁殖初期，同时内勤蜂清除不及，病害也就显得严重起来。在同样条件下，小蜂群的发病速度比大蜂群快。这与小蜂群幼虫获得营养不足、死虫清除不及时有关。当大流蜜期到来，由于群内待哺幼虫数量减少，该病往往自愈。

子脾上的病虫是主要的传染源，细菌主要经消化道进入体内，在中肠腔内大量繁殖。细菌通过病虫粪便排出体外，污染巢房。内勤蜂在清洁巢房、虫尸，哺育幼虫时，将病原传播给健康幼虫。工作人员调整群势、混用蜂具，盗蜂、迷巢蜂等造成病害在蜂群间传播。有些患病的幼虫可以存活并化蛹，但由于细菌繁殖消耗大量营养，所以这种蛹难以成活。

3. 症状　患欧洲幼虫腐臭病的幼虫一般 1~2 日龄染病，经 2~3 天潜伏期，幼虫多在 3~4 日龄未封盖时死亡。患病幼虫体蜷曲，有的紧缩在巢房底，有的虫体两端向着巢房口。病虫失去光泽，浮肿发黄，体节逐渐消失，死亡腐烂的尸体有黏性，但不能拉成细丝，具有酸臭味。虫尸干燥后变为深褐色，易从巢房中取出。发病初期，由于少量幼虫死去，随即为工蜂清除，蜂王再次产卵，所以子脾上呈现空房以及不同日龄幼虫错杂在一起的"花子"现象。严重时，巢内看不到封盖子，幼虫全部腐烂发臭，造成蜜蜂离脾，飞逃。

4. 诊断

（1）症状诊断　疑似病群可以开箱提出子脾检查，如果发现典型症状，结合流行病学调查便可做出初步诊断。

（2）生化反应诊断（牛奶试验）　具体方法可参看美洲幼虫腐臭病，欧洲幼虫腐臭病的牛奶试验为阴性，牛奶不会在短时间内产生坚固的凝乳块。

（3）鉴别诊断　与美洲幼虫腐臭病相鉴别，可参看美洲幼虫腐臭病。

5. 防治

（1）加强饲养管理　由于欧洲幼虫腐臭病的发生与环境及蜂群条件的关系比较密切，蜂巢过于松散、保温不良、饲料不足，都会使蜂群的抗病性明显下降，从而诱发本病。因此，春季要合并弱群，密集群势，加强保温。要保证蜂群有充足的饲料，以提高蜂群的抗病能力，同时，结合奖励饲喂可以进行预防给药，预防给药可以用中草药。

（2）加强预防工作，切断传染　平时要注意蜂场和蜂群的卫生，定期消毒。小范围发病时可将巢脾烧毁深埋，对巢脾和蜂具进行严格的消毒。

（3）替换病群蜂王，新的年轻蜂王产卵快，可促使清扫工蜂更快清除病虫，恢复蜂群健康。

（4）欧洲幼虫腐败病早期不易发现，病轻的蜂群，周围如有良好的蜜源，病情会好转；重群则需要治疗。

（三）败血病

败血病是由蜜蜂败血假单孢菌引起的蜜蜂急性细菌性传染病，这种病害广泛分布于世界各地，多见于西方蜜蜂（图9-3）。

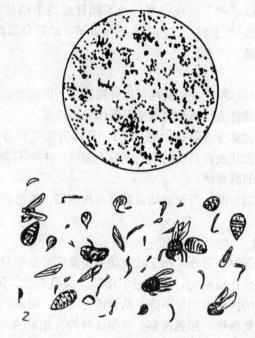

图9-3 因败血病致死的蜂尸

1. 病原 败血病的病原是蜜蜂败血假单孢菌，为革兰氏阴性菌。该菌对外界不良环境抵抗力不强，在蜜蜂尸体中可存活30天，在潮湿的土壤中可以存活8个月以上，在阳光直射和福尔马林蒸汽中可存活7小时。在73～74℃的热水中经30分钟，加热至100℃时3分钟即可被杀死。

2. 流行病学特点 蜜蜂败血杆菌广泛存在于自然界中，特别是污水和土壤中，蜜蜂在采集污水或爬行、飞行时被该菌污染并将细菌带回蜂箱中。病菌可以通过各种途径，特别是接触节间膜或气门使病菌侵入体内。

败血病多发生于春、夏季节，高温潮湿的气候，蜂箱内、外和蜂箱放置地面不卫生，蜂场低洼潮湿，越冬窖内湿度过大，饲料含水量过高，饲喂劣质饲料等均为本病的诱发因素。

3. 症状 开始发病时其症状不易察觉，随后病蜂烦躁不安、拒食、无力飞翔，但死蜂不多。病情发展很迅速，只需 3～4 天就可使全群蜜蜂死亡。死蜂颜色变暗、变软，肌肉迅速腐败，身体从关节处解体，即死蜂的头、胸、腹、翅、足分离，甚至触角及足的各节也分离。解剖蜜蜂可见血淋巴呈乳白色，浓稠。

4. 诊断 根据蜂群的典型症状，流行病学特点和血淋巴的变化，可基本诊断为本病。

5. 防治

加强饲养管理：蜂群应放置在干燥向阳、通风良好的地方，越冬窖也要注意通风降湿。蜂场要设置饮水器或提供洁净的水源，防止蜜蜂外出采集污水，患病严重的蜂箱要换箱换脾，消毒灭菌。蜜蜂败血假单胞菌对漂白粉敏感，所以可以使用 5％漂白粉溶液浸泡蜂具，喷洒蜂场、越冬室等。

由于抗生素和磺胺类药物对蜂产品的污染问题日益受到人们的重视，所以可根据经验试用一些有抗菌作用的中草药，煎煮后调制成 1∶1 糖浆饲喂，也可收到满意的效果。

（四）蜜蜂副伤寒病

蜜蜂副伤寒病是由副伤寒杆菌引起的细菌性传染病，也叫下痢病。为蜂群越冬期常见的一种传染病，在世界各国均有发生，多见于西方蜜蜂。

1. 病原 蜜蜂副伤寒病的病原为肠杆菌科的蜜蜂副伤寒杆菌，又叫蜂房变株型菌，为革兰氏阴性菌。

该菌对外界不良环境的抵抗力很弱，在沸水中可存活 1~2 分钟，在 58~60 ℃的水中只能活 30 分钟，在 40%福尔马林蒸汽中 6 小时即可被杀死。

2. 流行病学特点　蜜蜂副伤寒病是蜂群越冬期的一种常见传染病，常见于冬末、春初，造成成年蜂严重下痢死亡。副伤寒杆菌主要生存于污水坑中，蜜蜂采水时病菌从消化道进入体内，在肠道大量繁殖，并通过粪便排出体外，污染饲料和巢脾等，使其他健康蜜蜂染病，工作人员调换巢脾以及迷巢蜂或盗蜂活动都会造成本病的蔓延。

冬、春季节阴冷潮湿的越冬室，多雨季节或夏季气温骤降会诱发副伤寒病的发生。副伤寒病的潜伏期为 3~14 天，死亡率高达 50%~60%。

3. 症状　蜜蜂副伤寒病没有特殊的外部症状，病蜂腹部膨大，体色发暗、行动迟缓、体质衰弱，有时肢节麻痹、腹泻等。患病严重的蜂群箱底或巢门口死蜂遍地，而这些症状在其他蜂病中也常常遇到。

患病蜂群在早春排泄飞行时，排出许多非常黏稠、半液体状的深褐色粪便。检查蜂箱内部，可发现尚有足够的饲料贮备，但全部巢脾均被粪便污染。病蜂排泄物大量聚集之处，发出令人难闻的气味。拉出病蜂的消化道观察，可见肠道呈灰白色，肿胀无弹性，其内充满棕黑色的稀糊状粪便。

4. 诊断

(1) 蜂群诊断　根据病蜂的症状、开箱检查的情况以及剖检时肠道的病理变化，结合流行病学特点基本可以做出诊断。

(2) 鉴别诊断　副伤寒病的某些症状例如腹部膨大以及肢节麻痹，与慢性麻痹病的"大肚型"相似，应注意区分。

① 慢性麻痹病的病原主要侵害蜜蜂的脑和神经节，所以病蜂的症状以神经症状如身体和翅颤抖、肢节麻痹等为主，消化道症状为辅。

副伤寒病的病原主要侵害病蜂的肠道，所以以消化道症状为主，其他症状为辅。

② 由于副伤寒病下痢症状很明显，所以开箱后可见巢脾、饲料被粪便污染的情况。

③ 慢性麻痹病多发于春秋两季，温度和相对湿度适中的气候。而副伤寒属于越冬期传染病，多发于冬春季节，特别是阴冷多雨的春季。

5. 防治　以预防为主，如留用优质越冬饲料；蜂群越冬环境应选择背风向阳、干燥的地方；蜂场设置清洁的水源；晴暖天气应促进蜂群排泄飞行。

也可根据经验应用有抗菌作用的中草药。

十、蜜蜂真菌病及其防治

（一）白垩病

白垩病又称石灰质病，是由蜂球囊菌引起的蜜蜂幼虫的一种顽固性真菌传染病。世界各地均有发生，仅危害西方蜜蜂。该病虽对蜂群摧毁性不大，但因幼虫患病致使蜂群群势骤减，严重影响养蜂业的发展。

1. 病原 引起蜜蜂白垩病的病原是蜂球囊菌，温度 30 ℃，相对湿度达 80% 以上是这种真菌的最佳生长条件。蜂球囊菌孢子有很强的生命力，在干燥状态下可存活 15 年。

2. 流行病学特点

（1）白垩病的发生与多雨潮湿、温度不稳有关，由于蜂球囊菌需要在潮湿的条件下萌发和生长，因此，春末夏初昼夜温差较大，气候潮湿，白垩病最容易发生和流行。若遇连阴雨天或巢内本身湿度过大，都会使病情加重。

（2）据观察，在发病群里往往都是子脾边缘的幼虫和雄蜂幼虫首先发病，然后向中心扩展。主要与子脾边缘温度变化较大、幼虫体质较差有关。

（3）蜂箱内的虫尸是主要的传染源，病害主要通过孢子传播。当蜜蜂幼虫食入真菌孢子时，孢子在肠道内开始处于静止状态，当环境条件适宜时，如肠道厌氧的环境或幼虫本身抵抗力低下，孢子开始萌芽、增殖，形成菌丝，并穿透食膜侵入真皮细胞，再穿透肠壁在体腔内增殖，进而穿破体壁，使体表充满菌丝。该菌孢子的萌芽需厌氧条件，而菌丝生长需好氧条件，蜜蜂幼虫在 3～4 日龄吞食真菌孢子后最易感染。

白垩病主要引起西方蜜蜂的雄蜂和工蜂幼虫、蛹的死亡，成年蜂不发生此病，但会在蜂箱内外传播真菌孢子。

(4) 蜂群清巢力的强弱决定其抗病力的强弱，凡清扫能力强，清扫速度快的蜂群，白垩病发病就轻，即使发病也比较容易自愈。反之，则容易造成流行。蜂群清扫能力的强弱，除与品种的特性有关外，还决定于成蜂与幼虫的比率。当成蜂与幼虫的比率达到或超过 2∶1 时，蜂群的清扫能力就强。因此，当蜂群的病情特别严重时，适当控制蜂王产卵，提高成蜂的比例，对减轻白垩病有益。

(5) 花粉缺乏可使病情加重，在山桃和刺槐花期结束，进入枣花期以后，由于花粉缺乏，蜂群极易发生白垩病，而且容易引起流行。待进入荆条、玉米开花期以后，由于花粉充足，且气温平稳，白垩病逐渐减轻。从另外一个角度讲，花粉又是最易被真菌孢子污染的，粉脾的调换易造成病原扩散。

3. 症状 幼虫患病后，虫体开始肿胀并长出白色的绒毛，充满巢房，形状可呈巢房的六边形。接着虫体皱缩、变硬，房盖常被工蜂咬开。病虫变成白色的块状，是此病的主要特征。死虫体上长出的白毛是蜂球囊菌长出的气生菌丝，等长出子实体后，病死幼虫的尸体便带有暗灰色或黑色状物，有时整个虫尸变为黑绿色，虫尸易从巢房中取出。白垩病严重时，在巢门前能找到块状的干虫尸。

4. 诊断 根据病蜂典型的症状和流行病学特点可以确诊。

5. 防治

(1) 加强饲养管理

① 消除发病条件 选择地势高、光照充足、干燥通风、避雨的放蜂场地。一年四季蜂箱要放得后高前低，以防箱内积水。箱内湿度过高时，可以把箱盖抬起一点儿，加强通风，如果箱内过分潮湿应调换蜂箱。蜂囊球菌孢子在老脾上能存活多年，应从蜂群中有计划地剔除老脾。

②　合并弱群，调整箱内蜂脾关系　做到蜂脾相称或蜂多于脾，抽调给弱群的子脾不要太多，以维持正常的巢温和清巢能力。要把子脾排在一起，集中于箱体中心，如把蜜脾插在两张子脾之间，白垩病发病率便增高。

③　选用优质饲料　春繁时避免使用陈旧霉败的花粉和来路不明的饲料。

④　选用抗病蜂种　选择抗病性强、清脾能力好，无病群的健康蜂种，以提高蜂群抗病力。此外，黑色蜂种比黄色蜂种对于白垩病的抵抗力强。

⑤　及时治螨　蜂螨是蜂囊球菌孢子的携带者和传播者，又是影响蜂群群势的一大病害。因此，适时治螨可以抑制白垩病的发生。

（2）做好消毒工作　越冬期和白垩病易发季节，要加强对蜂场、工作间、各种蜂具和花粉饲料的全面彻底的消毒。

①　场地消毒　消毒前要先将场地清扫干净，焚烧垃圾。然后用5％～10％漂白粉溶液喷洒，也可在地上撒布生石灰粉，工作间也用5％漂白粉溶液喷洒。

②　蜂箱可以用灼烧法消毒　其他蜂具用5％漂白粉水或2％食用碱水浸泡24小时，清水洗净，用摇蜜机脱水后，晒干备用。

③　饲料　摇出的蜂蜜，煮35分钟后装入已消毒的蜜桶。怀疑被污染的花粉，用蒸汽蒸熟，杀死真菌孢子。被污染的花粉脾要用硫黄熏蒸24小时。具体方法是：把巢脾放在继箱里，最上面放一个空继箱，糊严箱缝，在最上层的空继箱中放一个有已燃红木炭的小炭炉，按每个装巢脾继箱5克硫黄的量倒入硫黄，迅速盖上瓦片，密封箱顶。操作时要防止火灾。

④　蜜蜂消毒　早春繁殖开始或发生白垩病以后，可结合换箱换脾，用0.1％～0.2％新洁尔灭溶液喷蜂、喷脾，连喷3天，每次使蜂体蒙上一层薄雾为止。

（3）药物治疗

① 中草药验方用金银花、红花、黄连、大青叶、苦参各 15 克，大黄、甘草各 10 克，煎成药汁 500 毫升，加入 500 毫升1∶1糖浆，每日每群蜂喂 100 毫升，对病菌有很强的抑制杀灭作用。

② 黄柏、苦参、红花、金银花、大青叶各 15 克，黄连 20 克，大黄、甘草各 10 克，加水 500 毫升用文火煎至 300 毫升时倒出药汁，再加入 200 毫升水煎 5 分钟，其药汁与第一次药汁相混合，患病蜂群每日喷脾 1 次，连续喷脾 3 天。同时配合饲喂制霉菌素糖浆，效果更佳。

③ 蜂胶酊，10 克蜂胶浸泡于 40 毫升 95％酒精中 6 天后去渣，再加入 100 毫升 50 ℃的热水中过滤。病群巢脾抖蜂后，用蜂胶酊直接喷脾，每日 1 次，连喷 7 日。

（二）黄曲霉病

蜜蜂黄曲霉病又叫结石病、石蜂子病，是由黄曲霉菌引起的蜜蜂传染病。该病不仅造成幼虫死亡，还可使蛹和成蜂染病，最常见的是幼虫和蛹发病。

黄曲霉病世界各地均有发生，目前仅见西方蜜蜂发病。

1. 病原　蜜蜂黄曲霉病的病原是黄曲霉菌，该菌在自然界分布极广，无论土壤、腐败的有机物、贮藏的粮食和食品中都能生长繁殖。黄曲霉孢子的抵抗力很强，煮沸 5 分钟才能杀死，在一般消毒液中必须经 1～3 小时才能灭活。

2. 流行病学特点　黄曲霉菌多发生于夏、秋多雨季节，高温、潮湿有利于黄曲霉菌繁殖，是本病发生的诱因。黄曲霉菌一般不会引起健康蜂群发病，只有当某些原因造成蜂群抵抗力降低时才会感染此病。

黄曲霉菌孢子在空气中到处飞扬，污染饲料等，贮藏的饲料、食品的湿度高于 15％，是孢子萌发的最适条件。黄曲霉菌的孢子能在蜜蜂幼虫的表皮萌生，长出的菌丝体穿透到皮下组织中去，并产生气生菌丝和分生孢子，引起幼虫死亡。除此之外，孢子落入蜂蜜和花粉中被蜜蜂吞食后，在蜜蜂的消化道萌发，形成菌丝，穿透肠壁，破坏组织引起蜜蜂死亡。

黄曲霉菌能够产生一种耐热类毒素称为黄曲霉毒素，该毒素大剂量可以致命，小剂量诱发哺乳动物和人类的肝硬化和肝癌，有人认为是黄曲霉毒素引起了蜜蜂死亡。

3. 症状　幼虫、蛹和成蜂都可能感染黄曲霉病。幼虫和蛹死亡后最初呈苍白色，以后逐渐变硬，形成一块坚硬的如石子状的东西，并在表面长满黄绿色的孢子，充满整个巢房或巢房的一半，若经轻微振动，就会四处飞散。

成蜂感染该病以后，常呈现不安和虚弱，行动迟缓，失去飞行能力，多爬出巢门而死去。蜜蜂死亡后身体变硬，在潮湿的条件下，可见腹节处穿出菌丝。

4. 诊断　根据典型的症状可做出初步诊断。

鉴别诊断：黄曲霉病在流行病学和症状方面有时会与白垩病相混淆。这两种病的不同之处是黄曲霉病能够使幼虫、蛹和成蜂均发病。而白垩病只引起幼虫发病。

5. 防治　防治原则基本同白垩病的防治。

（1）蜂群注意通风降湿，以含水量 22％以下的蜂蜜作饲料，并注意药物预防和及早控制其他病害。春季做好保温，增强蜂群本身的抗病能力。

（2）已发病的蜂群要更换被污染的蜂箱、巢脾等。用福尔马林熏蒸污染的蜂具，严重的病脾包括蜜脾和粉脾可考虑烧毁。

（3）病群用 0.5％高锰酸钾或 0.1％新洁尔灭溶液喷雾消毒，喷至成蜂体表呈雾状即可。每日 1 次，连续 7 天。

（4）中药验方用鱼腥草 15 克、蒲公英 15 克、筋骨草 5 克、山海螺 8 克、桔梗 5 克加水煎汁，浓缩过滤，配制成糖浆，可喂 1 群蜂（8 框左右）。隔日 1 次，连喂 5 次。

注意事项：

① 在做换箱、换脾、消毒蜂箱时，操作者要戴眼镜、口罩，

防止黄曲霉菌吸入鼻腔或污染眼睛和口腔黏膜，已证明黄曲霉菌能在人的鼻腔内生长。

② 从患黄曲霉病的蜂群取得的蜂产品，人和其他动物不能食用。

③ 由于黄曲霉菌在产生毒素的同时，这种毒素已进入周围的环境中，该毒素经高温加热（包括油炸）不会被破坏，而有人认为黄曲霉毒素会造成蜜蜂死亡。因此，被黄曲霉菌污染严重的蜜、粉脾不能作为饲料喂蜂。

（三）蜜蜂的其他真菌病

1. 蜂王黑变病　是一种危害蜂王生殖系统的、偶尔发生的真菌性病害，目前分布于欧洲、加拿大等地，我国尚未发生。

（1）病原　蜂王黑变病的病原为黑色素沉积菌。

（2）流行病学特点　据推测，病原菌是通过蜜蜂采集甘露或蜜露时，将生活于其中的真菌带回蜂箱内，造成蜂王感染。黑色素沉积菌从蜂王的刺室经过蜇针腔侵入卵巢和输卵管，定居于卵原细胞和营养细胞的黑色斑内以及蜂王的毒囊和直肠内，危害蜂王的毒囊和直肠，产生大量黑色囊肿组织，阻塞输卵管。

黑色素沉积菌感染蜂王的最适温度是 30 ℃。

（3）症状　蜂王腹部膨大，反应迟钝，停止产卵。剖检可见蜂王卵巢失去光泽、变黑，产卵管、毒囊、毒腺也会受到影响，内含大的黑色肿胀物，这些肿胀物对输卵管产生压力，使被感染的卵巢萎缩。若工蜂被感染，最显著的标志就是后肠外翻。

（4）诊断　取停止产卵的蜂王，固定于蜡盘上，剪开其腹部，若发现内生殖系统变黑即可确诊。

（5）防治　目前最有效的方法就是用新蜂王换掉病蜂王。

2. 危害蜜蜂的其他真菌　危害蜜蜂的其他真菌还有烟色曲霉、巢状曲霉、黑曲霉、油绿曲霉以及灰褐曲霉。

十一、其他病原物引起的
蜂病及其防治

（一）螺原体病

1977 年，美国马里兰州分离到一株螺原体，它能引起蜜蜂发病，使 36％的蜜蜂死亡。随后美国其他州和法国、秘鲁以及其他一些国家与地区也从病蜂中分离出螺原体。

1. 病原　蜜蜂螺原体是一种螺旋纤维状、能运动、无细胞壁的原核生物，菌体直径 0.17 微米，长度随不同生长时期而变化。

2. 症状　患病蜂爬出箱外，在地面上蹦跳、爬行，失去飞翔能力，三五只蜜蜂集聚在一起，行动缓慢，不久死亡。死亡蜂大多双翅展开，喙伸出，发病严重时，不仅青壮年蜂死亡，而且刚出房不久的幼蜂也爬出箱外死亡，蜂群群势下降很快。由于这种病与其他蜂病并发，对蜂群危害更大，病蜂肠道变化不尽相同。有的中肠白色肿胀，有的缩小呈褐色，后肠有的充满稀黄色粪便，有的充满浑浊水状液。

诊断方法：显微镜直接镜检，取病蜂 5 只，放在研钵内，加无菌水 5 毫升，研磨、匀浆。于 5 000 转/分离心 5 分钟，取上清液少许涂片，置暗视野显微镜下放大 1 500 倍观察，螺原体形态清晰可见。若发现晃动的小亮点并拖有一条丝状体在原地旋转，即为蜜蜂螺原体，从而可确诊此病。

3. 流行特点

（1）地理分布　蜜蜂螺原体分布较为广泛。调查表明，转地放蜂的蜂场发病率高，病情严重，而定地饲养的蜂场，发病率低，病情较轻。

（2）传播途径　用饲喂和微量注射法接种蜜蜂螺原体，均可使健康蜂感病，证明该病是通过消化道侵入蜂体引起蜜蜂死亡的。在蜂群内，被污染的饲料和蜂具是该病的传染源。据国外报道，从植物花上也能分离得到螺原体，对蜜蜂具有感染力，能使蜜蜂患病死亡。不排除在植物开花泌蜜期，其他昆虫带菌者吸取花蜜时，将螺原体传递给植物，从而使蜜蜂采集花蜜时被感染。

（3）该病与其他病害的相关性　蜜蜂螺原体单独感染蜜蜂发病的较少见，而常与其他病害如孢子虫病，麻痹病等混合发生，病情较重，死亡率较高，蜂群群势下降严重。因此，在防治时，应采用综合措施。

4. 防治方法　室内测定表明，蜜蜂螺原体对抗生素类药物敏感，但由于该病通常与孢子虫病、病毒病混合感染，因此只用抗生素防治效果较差，必须采取综合防治措施。

（1）药物防治　春季对蜂群进行奖励饲喂时，加入保蜂健、抗病毒Ⅰ号和磺胺类药物预防。发病初期，再根据病原种类应用相应的药物对症治疗（用量和方法参见孢子虫病、麻痹病和美洲幼虫腐臭病防治药物部分）。

（2）加强饲养管理　以预防为主，平时饲养强群，留足饲料。春季注意对蜂群保温并做到通气良好，以防止巢内湿度过大，秋季对巢脾和蜂具进行消毒。

（3）选育抗病蜂种　淘汰抗病力差的蜂种，选育抗病力强的蜂群培育新蜂王，保持蜂群群势，增强抗病力，更换陈旧巢脾和老弱蜂王。

（二）原生动物病

1. 孢子虫病　蜜蜂孢子虫病是由蜜蜂微孢子虫引起，破坏中肠上皮细胞的肠道传染病。别名微粒子病，是蜜蜂的一种常见消化道传染病，是世界各国蜜蜂中普遍发生的一种蜜蜂成虫病。蜂群越冬时间长，则发病较普遍而且严重，患病蜜蜂寿命缩短，采集力和泌浆、泌蜡量显著下降。春季发病会影响蜂群的繁殖和发展。生产季节发病则影响蜂蜜、王浆和蜂蜡的产量，秋冬季发病则影响蜂群的安全越冬，造成翌年蜂群春衰，越冬蜂群患病常出现下痢，严重者造成整群蜂死亡。

（1）病原　蜜蜂孢子虫病是由蜜蜂微孢子虫引起的，它寄生于蜜蜂中肠上皮细胞，以蜜蜂体液为营养发育和繁殖。在蜜蜂体外，微孢子虫以孢子形态生存。孢子长椭圆形，长 5.0～6.0 微米，宽 2.2～3.0 微米。孢子被蜜蜂摄入体内，在消化液的作用下放出极丝。其营养体通过极丝槽进入中肠上皮细胞，行无性裂殖和孢子生殖。

微孢子虫对外界不良环境的抵抗力很强，能耐受冷冻、冻干和微波。在蜂蜜和蜂房中可活一年，在蜜蜂干粪内活 2 年，在蜜蜂尸体里可以存活五年，在水中可以活 100 多天。孢子的致死温度在不同条件下也不同，蜂蜜加温到 60 ℃经过 60 分钟可以杀死孢子。在 25 ℃条件下，使用 4% 的福尔马林溶液，可以在 1 小时内杀死孢子。在 10% 的漂白粉溶液里，经过 10～12 小时杀死孢子。在 2% 的石炭酸水溶液里只要 10 分钟就可将孢子杀死。

（2）症状　孢子虫病的症状常与蜜蜂麻痹病、饥饿、杀虫剂中毒和下痢时的症状相似。蜜蜂患病初期，外部症状不明显，活动正常。患病后期，蜜蜂个体瘦小，两翅散开不相连，萎靡不振，蜇刺反应丧失，少数病蜂腹部膨大。前胸背板和腹尖变黑，腹部 1～3 节背板深棕色，常被健康蜂追咬，多爬在框梁或蜂箱前草地上，不久死亡。冬末和春季成蜂大量减少，往往伴随着蜂王的丧失或交替，这是蜂群感染孢子虫病的明显症状。染病的哺育蜂舌腺萎缩，饲喂幼虫的能力降低。

（3）诊断　取病蜂中肠观察和镜检，正常的蜜蜂中肠淡棕色，不膨大。病蜂中肠呈灰白色，环纹模糊，失去弹性。如使用镜检方法，可将中肠置载玻片上，滴半滴无菌水，盖上盖玻片，用镊子在盖玻片上轻轻压挤，再置 400～600 倍显微镜下观察，若有大量长椭圆形，并有淡蓝色折光的孢子，可确诊为孢子虫病。也可将病蜂中肠研碎镜检，染色诊断，可将上述中肠涂片，去掉盖玻片，晾干，以 1∶49 姬姆萨液染色 5 分钟，取出以蒸馏水冲洗再镜检，可以观察到微孢子虫各期虫态。诊断蜂王时，可提出蜂王扣在玻璃皿内，待其排粪后，将蜂王送回原群，并挑取少量粪便涂片镜检。

（4）流行特点

① 发病规律　春季气温逐渐上升，蜜蜂开始清扫巢房，扩大育虫面积，易受感染，是孢子虫病的发病高峰期。夏季蜜蜂能自由飞翔，清除掉巢房里的排泄物，病蜂死亡，感染减轻。秋季出现较小的高峰期，到冬季气温降低，孢子虫病情下降。

② 与发病相关因素　蜂群越冬饲料不良，尤其是在蜂蜜中含有甘露蜜的情况下，易引起蜜蜂消化不良，促使孢子虫病发生。在蜂群内工蜂、雄蜂和蜂王均可感染发病，但以工蜂感染率最高，其次是蜂王。在工蜂中又以青壮年蜂感染率最高，而幼年蜂和老龄蜂较低，幼虫和蜂蛹则不感病。在蜂种之间，存在抗病性差异，西方蜜蜂发生较普遍，而东方蜜蜂很少发病。

③ 传播途径　病蜂是传播孢子虫病的传染源。每只病蜂体内的微孢子虫孢子高达数百万个，而工蜂和雄蜂只需较少的孢子就受到感染。孢子从病蜂体内与粪便一起排出，常常通过污染蜂箱、巢脾、蜂蜜、花粉和水传播给健康蜜蜂和其他蜂群。通过迷巢蜂、雄蜂、盗蜂、邮寄蜂王和合并蜂群，能促使孢子虫病在蜂群间扩大传播。冬季蜜蜂如果下痢，巢房更容易被含有孢子虫的粪便污染，患病蜂将粪便排在巢房里，内勤蜂在清理巢房时受到感染，并将孢子传给蜂王。病蜂在巢内的这些活动，是保存和传播孢子虫的重要途径。

（5）防治方法

① 加强饲养管理　秋季蜂群里应有优良的蜂王和大量的新蜂，以保证蜂群顺利越冬。冬季蜂群里应有足够的优质饲料蜜或糖浆，排除甘露蜜。室外越冬场地宜选在干燥向阳处，室内越冬温度保持在 2～4 ℃。越冬期蜂群下痢，春季宜提早出室或促使蜜蜂在室内排泄飞行，恢复健康。积极育虫会刺激孢子虫的增长，使蜜蜂染病加重，因此在这方面应加强管理。

② 严格消毒　受污染的蜂具、蜂箱用 2％～3％的氢氧化钠溶液清洗，再用火焰喷灯消毒，巢脾用 4％的福尔马林或冰醋酸消毒。

③ 药物治疗　每千克糖浆或蜜汁中，加入 1 克柠檬酸或米醋 3～4 毫升。每群喂 0.5 千克，每隔 3～4 天喂 1 次，连续喂 4～5 次，能抑制孢子虫的发展。每片灭滴灵 0.2 克，取 10～20 片研成粉末，并用少许温水溶解后，加在 1 千克糖浆内，饲喂方法同上。

2. 阿米巴病　阿米巴病是由蜜蜂马氏管变形虫侵袭成年蜂马氏管所引起的一种蜜蜂传染病，又名变形虫病。多与孢子虫并发，蜂群染病后发展缓慢。在世界各地均有发生，欧洲较为流行。不仅危害西方蜜蜂，也危害中华蜜蜂。

（1）病原　为蜜蜂马氏管变形虫，1916 年首先在欧洲被发现，寄生在成年蜂的马氏管里，整个发育过程分营养体阿米巴（变形虫）和孢囊两个时期。在蜜蜂体外保持孢囊形态，孢囊椭圆或球形，大小为 6～7 微米。孢囊外层覆盖双层膜，光滑致密，不易染色，其内充满原生质。

孢囊与食料或水进入蜜蜂体内，到达马氏管后，形成营养体阿米巴。阿米巴从马氏管的上皮细胞里获取营养物质，繁殖迅速，充满马氏管，导致蜜蜂排泄机能障碍。在 30 ℃下经过 22～24 天，阿米巴形成新的孢囊。孢囊可忍受低温、干燥等不良环境条件，能在蜂体外长久生存。

（2）症状　病蜂腹部膨大，有时出现下痢症状，体质衰弱，无力飞行，不久死亡。病群发展缓慢，蜂群群势逐渐削弱，采集力下降，蜂蜜产量降低。若与孢子虫病混合发生，则死蜂数量增加。

（3）诊断方法　从病蜂腹部拉出消化道，取马氏管镜检，若发现马氏管膨大，近于透明状，可见管内充满珍珠般的孢囊。压破马氏管，并见到孢囊散落水中，即可确诊为阿米巴病。

（4）流行特点　病蜂是传染源，阿米巴孢囊从马氏管排入肠腔，然后同粪便一起被排出体外，通过污染饲料、饮水、巢脾、蜂箱和土壤传播给健康蜜蜂。在秋季和早春季节该病感染率低，3～4 月是感染快速增长期，5 月达到感染高峰期，6 月以后突然下降。阿米巴病常与孢子虫病并发，也常单独发生。劣质饲料以及在潮湿的窖里长时间越冬，会促进阿米巴病发展。

（5）防治方法　加强饲养管理，保证蜂群内有充足的优质饲料和良好的越冬条件；搜集死蜂并烧毁，以减少传染源；更换病群中的蜂王，增强蜂群群势；对于蜂箱、蜂具可用 1%～2% 的石炭酸或 4% 的福尔马林溶液消毒。药物防治同孢子虫病。

（三）寄生性昆虫

1. 肉蝇　蜜蜂肉蝇病又叫蜂麻蝇病，它广泛分布于前苏联境内和法国等地中海沿岸国家。肉蝇多发生于 6～9 月，而以 7～8 月发生最严重。在发病严重的季节里，蜂群的感染率可达 24%～44%，每群每天常有几百只乃至上千只的蜜蜂死亡，严重影响蜂群的繁殖和采蜜。

（1）病原　是由肉蝇的幼虫寄生在蜜蜂的胸腔内所引起的。

肉蝇成虫呈银灰色，体长 6～9 毫米。头部复眼之间有白色条纹，侧额和侧颜均覆有黄毛，下颚须细长，黄色。触角也呈黄色，第三节较第二节长两倍。

肉蝇的雌虫具有很强的繁殖力，每个雌蝇腹内有 100～700

条初孵化的幼虫。肉蝇刚孵化的幼虫，体长 0.7～0.8 毫米；发育至中期的幼虫，体长 2～5 毫米，在蜜蜂体内发育成熟的幼虫可长达 11～15 毫米。

肉蝇的雌、雄成虫都是生活在蜂场以外的地方，而性成熟的雌蝇却整天盘旋于蜂场之上。它们喜欢栖息在涂有白色、天蓝色和灰色等具有光泽的箱盖上。当雌肉蝇追上飞行的蜜蜂时，就在蜜蜂体上产下几个幼虫，又重新飞开。这些幼虫就从蜜蜂胸部的节间膜处进入蜂体内，并以蜜蜂的血淋巴为食，以至吃光蜜蜂的整个胸部肌肉和腹部的各个器官，最后仅剩下一个几丁质的外壳。

受感染的蜜蜂一般在 2～9 天死亡，多在 4～5 天死亡。蜜蜂死亡以后，肉蝇的幼虫就从蜂尸的颈腹处或其他部位钻孔而出，转到土壤中化蛹。蛹为围蛹，体长 0.4～0.7 毫米。肉蝇完成一个生活周期需 15～33 天，以蛹越冬。

（2）症状　受感染的蜜蜂开始表现倦怠，飞行速度减缓，以后逐渐失去飞翔力，无力地在巢门口或地上爬行。到后期，病蜂不能爬行，呈现痉挛和颤抖，最后仰卧而死，死亡蜜蜂多数是青壮年蜂和采集蜂。肉蝇不仅危害西方蜜蜂，而且危害中华蜜蜂。

（3）诊断方法　取病蜂或死亡的蜜蜂 20～30 只，去掉头部和第一对足，然后打开胸腔，用扩大镜进行观察。若系肉蝇幼虫寄生，即可在胸部肌肉中见到白色能活动的幼虫。也可取可疑的蜜蜂 20～30 只，装入一密闭的容器内。经过 1～2 昼夜后，如确系肉蝇病，幼虫会从死蜂体内爬出来。

（4）防治方法　主要是杀灭成虫和幼虫。利用肉蝇喜栖息于蜂箱盖而又不能辨别水面或其他物面的特点，可在蜂箱上放一盛水的白瓷盘，使其落入水中淹死。箱门板和场地上的蜂尸，应仔细清除。清除箱内被寄生的病蜂，可将箱内的蜂抖落于蜂箱外，健康蜂会迅速回巢，而被寄生的蜜蜂行动缓慢留在箱外，可将其集中烧毁，以消灭其幼虫。

2. 驼背蝇 驼背蝇主要危害蜜蜂幼虫，严重时，可引起蜜蜂幼虫成批死亡。驼背蝇体呈黑色，胸部大而隆起，个体较小，体长 3～4 毫米。通常由巢门潜入蜂箱，在未封盖的幼虫房内产卵。卵暗红色，经 3 小时后，孵化为幼虫，穿透蜜蜂幼虫体壁进入体内，吸吮体液。经过 6～7 天后离开蜜蜂尸体，咬破巢房盖，爬出巢房并潜入箱底脏物或土壤中化蛹，经过 12 天后由蛹羽化为成虫。宜饲养强群，保持蜂多于脾或蜂脾相称，以抵御驼背蝇潜入蜂群；保持蜂箱内清洁，经常清除蜂箱底蜡渣、杂物等集中烧毁；经常切割蜜房的封盖，并搜集化蜡。对于严重的受害群，可用烟叶或杀螨熏烟剂进行药物防治。将烟叶或熏烟剂装入喷烟器内，点燃后，从蜂箱门口向箱内喷烟 3～4 次，3～5 分钟后，收集落下的驼背蝇集中烧毁。

3. 圆头蝇 圆头蝇在外貌上与黄蜂相似，成虫的头部和胸部膨大，腹部中间缩小，末端粗大，并有一粗大的钳，喙细长，中部略弯曲。圆头蝇的卵产于蜜蜂和胡蜂体上，当蜜蜂飞行时，雌圆头蝇就猛扑上去，骑在蜜蜂体上，一刹那间就在蜜蜂的气门附近产下一卵。卵为长圆形，一端具有棘和赘瘤。卵孵化后，幼虫就进入蜜蜂体内，并固定在气管或气囊的地方，开始以蜜蜂的体液为食，以后进而贪婪地吃光所有的内含物，只剩下一个几丁质的外壳。受感染的蜜蜂，在圆头蝇幼虫未化蛹之前就死亡。当蜜蜂死亡以后，蝇蛆就在蜜蜂尸体内形成一个围蛹，以后成虫就从死蜂体内羽化出来。对于圆头蝇的防治，主要是铲除蜂场周围的杂草，烧毁蜂场内的蜂尸和垃圾，其次是诱杀及人工捕打成虫。

4. 芫菁 芫菁又名地胆，是一种以幼虫寄生于蜜蜂体上吸食血淋巴的体外寄生虫，危害蜜蜂的主要有复色短翅芫菁和曲角短翅芫菁。

复色短翅芫菁成虫铜绿色或紫红色，体长 19～33 毫米，幼虫黑色，头呈三角形，体长 3～3.3 毫米。曲角短翅芫菁成虫蓝黑色，体长 16～33 毫米，幼虫黄色，头呈圆形，体长 1.3～1.8 毫米。这两种芫菁成虫栖息在草地、田间、小灌木林和果园中，以杂草和灌木等植物为食，不危害蜜蜂。雌成虫常在向阳干松的土壤里产卵，繁殖力很强，能产卵 4 000 粒以上，卵经过 30～40 天孵化为幼虫。幼虫常栖息于十字花科、菊科、豆科、蝶形花科和唇形花科植物上，当蜜蜂采集花蜜、花粉时，幼虫便爬到蜂体上吸食血淋巴，使蜜蜂极度不安，蜂体虚弱，最后痉挛死亡。带回蜂巢的芫菁幼虫，还可使内勤蜂、蜂王和雄蜂受害，被危害的蜂群，一天中死蜂由数百只到数千只。由芫菁幼虫引起的一类蜜蜂病害，俗称芫菁病、地胆病。

一般是收集蜂箱底、巢门前和场地上的死蜂烧毁，以杀灭芫菁幼虫。也可用烟叶熏杀，先在箱底铺以纸板，然后将燃烧的烟叶放入喷烟器内，向巢门喷烟 3～5 分钟，熏烟后迅速将纸板取出，烧毁落下的芫菁幼虫。连续熏治几次可除净芫菁。芫菁成虫以杂草为食，宜在春季铲除蜂场附近杂草，连同成虫集中烧毁。

5. 蜂虱　蜂虱又名蜂虱蝇，是一种骚扰蜜蜂生活，翅退化的寄生蝇。蜂虱在欧洲发生较普遍，在我国目前尚未发现，国家将其列为对外检疫对象。

蜂虱常栖息在蜂王和工蜂的头部、胸部绒毛处。它们并不吸取蜜蜂的血淋巴，只是掠食蜜蜂饲料、骚扰蜜蜂正常生活，使其烦躁不安，体质衰弱。蜂王被寄生后，行动缓慢，停止产卵，严重者衰弱而死。工蜂被害后，停止采集，严重者引起蜜蜂死亡。蜂巢内陈旧巢脾增多，弱群受害更为严重。蜂虱的幼虫主要是在巢脾内穿蛀孔道，破坏巢脾。

成虫红褐色，体呈卵圆形，周身生有浓密绒毛，体长 1.5 毫米，宽 1 毫米，头呈三角形，口器呈管状，由上唇、下唇和上颚组成。触角 3 节，靠近口部，胸部短宽，无盾片，腹部卵圆形，由 5 节组成，足 3 对，腿节粗大，跗节末端具齿状梳，用于抓住蜂体。卵椭圆形，乳白色，长 0.77 毫米，宽 0.37 毫米。幼虫长椭圆形，乳白色，行动活泼。

雌蜂虱产卵于半封盖的巢房盖下、巢房壁、蜡屑及蜂箱的缝隙中。孵化的幼虫以蜂蜜和蜂粮为食，在巢脾内穿蛀孔道，末龄幼虫在孔道末端化蛹，以成虫越冬，从卵发育到成虫需 21 天。春季蜂虱较少，春、夏季蜂虱多集中在蜂巢中心的哺育蜂体上。夏末和秋季外界蜜粉源缺乏，蜂群群势下降，蜂虱寄生率显著增高。

蜂虱在蜂群间的传播，主要是通过蜜蜂相互接触、盗蜂和迷巢蜂或使用有蜂虱卵和幼虫的巢脾。远距离的传播，主要是通过出售蜂王以及转地养蜂。应饲养强群，淘汰陈旧巢脾。定期切割封盖的蜜房盖，并立即将这些蜜盖化蜡，消灭蜂虱卵、幼虫和蛹，每隔 7～10 天切割化蜡 1 次，从春季一直进行到主要采蜜期来临为止。受害严重的蜂群，可使用烟草叶和杀螨熏烟剂等药剂防治。

(四) 线虫

线虫在一些国家饲养的蜜蜂中有发现，成虫长 10～20 毫米，为寄生于多种昆虫体内很细的蠕虫，偶尔在工蜂、雄蜂和蜂王体内发现。性成熟的线虫生活在土壤里并在其内交配。有生活力的雌虫产卵于潮湿的杂草上或其他地方，幼虫孵化后就在其中发育。当蜜蜂与之接触时，将虫卵摄取或携带走，其幼虫穿透蜜蜂表皮为害。

线虫不可能在蜂群中增殖和传播，中间寄主为其他昆虫，包括独居蜂和野生蜂。蜂王可能遭受由采集水分的蜜蜂带进的线虫卵侵染，目前尚无防治方法。

十二、遗传和环境因素引起的
疾病及其防治

（一）遗传因素引起的疾病

1. 卵干枯病

（1）病因　由于蜂王近亲交配，其后代生活力降低，在繁殖过程中产下不孵化而干瘪的卵。另外，也有由高温低温或药害引起的卵干枯病。

（2）症状　由于蜂王近亲交配引起的干枯卵，散布于正常孵化的幼虫中间，不成片，比健康卵小而色暗，着房位置各异。而由高温、低温、药害引起的干枯卵，卵呈暗黄色干瘪，成片，较易识别。

（3）防治方法　及时更换或淘汰病群中的蜂王，选择生命力强的蜂群培育蜂王。合并弱群，紧缩巢脾，保持蜂脾相称。早春做好蜂群的内外保温，盛夏注意给蜂群遮阳，保持巢内通风良好，大开巢门。补充饲喂蛋白质饲料，增强群势，提高抗逆能力。应用药物治螨防病时，要严格掌握用药时间和药量。

2. 僵死幼虫
僵死幼虫又名僵死蜂子，是引起蜜蜂幼虫死亡的遗传型病害。

（1）病因　由于蜂王近亲交配，所产后代生活力降低，在恶劣的环境条件下，造成各发育阶段的幼虫停止发育而死亡。

（2）症状　发育至各阶段的雄蜂和工蜂幼虫及蜂蛹均可死亡，死虫体色最初呈苍白色，虫体变软，以后逐渐变为褐色或黑色。死虫尸体无黏性，无气味。

（3）防治方法　用生命力强的健康蜂王更换病群中的蜂王，同时对蜂群进行人工补充饲喂，特别是增加蛋白质饲料，以增强蜂群的抗病力。

（二）环境因素引起的疾病

1. 下痢病

（1）病因　蜜蜂的非传染性下痢病常常发生在冬季和早春。原因很多，如晚秋喂越冬饲料时，兑水过多，喂得晚，越冬存蜜没成熟；蜜蜂在越冬期吃了这种发酵变质的蜜或者吃了结晶蜜、甘露蜜等不易消化的饲料；蜂箱内湿度大、温度过高或过低，蜜蜂在越冬期不安静；外界气温低，不能外出排泄等。

（2）症状　蜜蜂腹部膨大，肠道内积集了大量粪便，在巢脾框梁上、箱壁上和巢门前有病蜂排出的黄褐色而有恶臭的稀粪。病轻的蜜蜂在天气暖和时，飞出巢外排泄后能自愈。病重的飞行困难，为了排泄粪便常在寒冷天爬出巢外冻死，造成蜜蜂大量伤亡，从而引起春衰。

（3）防治方法　做好预防工作，给蜂群越冬创造良好条件。在喂越冬饲料时，不喂品质不好或稀薄的蜜汁和糖浆，并要早喂、喂足，让蜜蜂将喂的饲料充分酿制成熟。如果喂糖更要早喂，喂得太晚，水分蒸发慢，蜜糖容易结晶。越冬前，如发现有甘露蜜、结晶蜜和变质发酸的蜜要取出，换上优良的蜜脾。越冬场所要向阳背风，蜂群包装要注意保温，又要使箱内空气稍流通，以保持干燥，防止潮湿。越冬期间要保持蜂群安静。对有病的蜂群，可在早春晴暖的中午，撤出多余的巢脾，使蜂数密集。做好内包装，并且揭开草帘晒箱，以提高巢温，排出箱内潮气，为患病的工蜂出巢排泄创造有利条件。

2. 幼虫冻伤

（1）病因　由低温引起的幼虫变色，使肌体受到损伤的一种蜜蜂生理性病害。多发生于冬春两季，特别是中国长江以南的初冬或早春季节。弱群每遇寒流突袭，保温不良，或饲料不足，蜂团紧缩，易于导致边沿巢脾的幼虫成片受冻。

（2）症状　在寒流以后，箱内突然出现大量的一两日龄的幼虫死亡，而且常常是巢脾边缘的幼虫死亡较多，死亡的幼虫呈黑色，无臭或带有腐败气味，容易从巢房内移出。

（3）防治方法　蜜蜂幼虫一旦冻伤，无法康复。宜加强饲养管理，在冬春季应选择背风向阳处排列蜂群，增强群势，提高蜂群抗寒能力。注意保温，及时补充饲喂。

3. 卷翅病　蜜蜂卷翅病，是我国长江流域以南地区的一种地方性病害。江浙地区多发生于芝麻花期，福建多发生于籽瓜、黄麻花期。这种病害虽然发生时期不长（30～40 天），但如不及时采取措施，也会造成蜂群中新老蜂接替不上，给度夏带来困难。

（1）病原　卷翅病属于一种生理性病害，是由于高温干燥所引起的。一般当外界气温达 35 ℃以上，空气相对湿度在 70% 以下，而蜂群内子脾多、蜜蜂少时，就容易发生卷翅病。若箱内饲料缺乏时，发病就更加严重。

（2）症状　卷翅病的主要症状是幼蜂出房以后，翅不能伸展，形成卷翅。轻的翅尖卷束，重的使翅折叠。一般是边脾或子脾边缘的幼蜂患病严重。这种卷翅的幼蜂一般都是在第一次出巢试飞时，不能飞行落地而死。

（3）防治方法　对卷翅病的防治主要是以加强防暑降温为主，结合对蜂群进行适当给水，具体做法如下。

① 选择阴凉靠近有水的地方作度夏场地，特别要避免将蜂群放在日晒的地方。

② 做好蜂场的遮阳工作，当蜂场无天然遮蔽时，应架设棚架，或者在蜂箱上加盖草帘遮阴。

③ 适当调节箱内温湿度，在卷翅病发生的时期，可采取往蜂箱里加灌水脾或在框梁间加木条等方法来调节箱内的湿度。

④ 当蜂群缺蜜时，可采用 1 : 1 的糖浆进行人工补充饲喂，使贮蜜充足，适当压缩产卵圈。

4. 蜂群伤热

（1）病因　一是运输途中通风不良，二是越冬期间包装过早或过严，使蜂群受闷，群内高温高湿，引起蜜蜂死亡。

（2）症状　蜂群在运输途中，群内蜜蜂极度不安，发出大量热，使群内温度增高。严重时，巢脾融化，蜜从蜂箱内流出，随即出现大量蜜蜂死亡坠入箱底。死亡的蜜蜂发黑、潮湿，像水洗一样。蜂群在越冬期伤热（受闷），主要表现烦躁不安，不结团，蜜蜂常飞出巢外。箱内湿度大、温度高，严重者，箱内保温物和巢脾潮湿，蜂箱壁及箱底流水，蜜脾发霉变质，蜜蜂腹部膨大，有时还伴有下痢症状。

（3）防治方法　蜂群伤热的防治方法是打开巢门，加强通风，向蜂群内洒浇凉水，以降低巢温，保持蜂群安静。蜂群在越冬期伤热，可适当加大巢门，并减少保温物，同时撤出变质发霉的蜜粉脾，换以优质的蜜粉脾作为越冬饲料。

十三、蜜蜂中毒及其防治

（一）农药中毒

目前，农作物上普遍都施用农药，而蜜蜂对大多数农药又都是敏感的，大田施药稍不注意，就会引起蜜蜂大量死亡。据报道美国加州一年内由于农药中毒引起的蜜蜂损失达 7 万多群，整个美国每年死于农药中毒的蜂群多达 50 多万群，几乎占蜂群总数的 1/10。在我国，蜜蜂的农药中毒也时有发生，尤其是飞机喷洒农药所造成的蜂群损失更大。农药中毒虽无传染性，但一旦发生，就可在极短的时间内摧毁整个蜂场，给养蜂业带来极大的危害，导致某些局部地区无法养蜂。

1. 农药的种类 农药按照来源和化学成分可分为如下几类。

（1）**无机农药** 含砷、氟、硫等无机化合物。

（2）**有机农药**

① 天然有机农药及植物性农药，如烟草、鱼藤精及除虫菊等，矿物油类。

② 人工合成农药，如有机磷酸酯、氨基甲酸酯、有机氮化合物、有机氯化合物、拟除虫菊酯、有机氟化合物。

按照作用方式分类，农药可分为：胃毒剂、触杀剂、熏蒸剂、内吸剂、驱避与拒食剂、不育剂、引诱剂。

按照作用机制分类，农药可分为：

（1）作用于神经系统的药剂。①胆碱酯酶抑制剂（如有机磷酸酯、氨基甲酸酯）；②乙酰胆碱受体抑制剂（如烟草碱、巴丹类）；③轴突部位传导抑制剂（如有机氯化合物、除虫菊及拟除虫菊酯）；④神经-肌肉连接点传递物质抑制剂（如杀虫脒）。

（2）作用于呼吸系统的药剂。①—SH基酶的抑制剂（如无机砷）；②线粒体电子传递抑制剂（如鱼藤酮、氰氢酸、硫黄）；③三羧酸循环抑制剂（如氟乙酰胺、果乃胺）；④核酸合成抑制剂、化学不育剂、苯丙咪唑类杀螨剂；⑤抗几丁质形成药剂（如灭幼脲及类似化合物）。

2. 农药对蜜蜂的毒性　农药对蜜蜂的毒性依品种不同而异，根据其毒性高低可分为3类。

（1）高毒类　这一类农药对蜜蜂的毒性很大，半数致死量为0.001～1.99微克/只蜜蜂，在喷散后数天蜜蜂都不能接触被喷洒的作物。这类农药包括久效磷、倍硫磷、乐果、马拉硫磷、二溴磷、地亚农、磷胺、谷硫磷、亚胺硫磷、甲基对硫磷、甲胺磷、乙酰甲胺磷、对硫磷、杀螟松、残杀威、呋喃丹、灭害威等。

（2）中毒类　这类农药对蜜蜂的毒性中等，半数致死量为2.0～10.99微克/只蜜蜂。如喷药剂量及喷药时间适当，可以安全使用，但不能直接与蜜蜂接触。这类主要包括双硫磷、氯灭杀威、滴滴涕、灭蚁灵、乙拌磷、内吸磷、甲拌磷、硫丹、三硫磷等。

（3）低毒类　这类药剂对蜜蜂毒性较低，可以在蜜蜂活动场所周围施用。这类农药包括乙酯杀螨醇、丙烯菊酯、蒙五一五、苏云金杆菌、毒虫畏、敌百虫、乙烯利、杀虫脒、烟碱、除虫菊、灭蚜松、三氯杀螨砜、毒杀芬等。

3. 中毒原因　农药引起蜜蜂中毒或死亡的原因称为作用机制，可分为3大类，即触杀作用、胃毒作用和熏蒸作用。有些农药只有一种毒杀作用，而另一些兼有两种作用，还有一些农药兼有三种作用。触杀作用是药物通过蜜蜂的体壁而被吸收到体内以致中毒，胃毒作用是由于蜜蜂在吸取食料或在清洁活动中把药物食下，药物通过消化管道而被吸收中毒，熏蒸作用是熏蒸剂经由气孔或呼吸系统而被吸收中毒。农药可能只侵害消化道，麻痹消化道或使消化道肌肉发生其他变化，破坏了消化道的正常功能，从而不能确定飞行方向，不能补充或利用食物和水，以致饥饿和脱水致死。缺乏食物的蜜蜂在3～4小时后将变得衰弱，6～8小时后即饿死。

4. 中毒症状

（1）有机磷农药的典型症状　呕吐、不能定向行动、精神不振、腹部膨胀、绕圈打转、双翅张开竖起，大部分中毒的蜂死在箱内。

（2）氯化氢烃类农药的典型症状　活动反常、不规则、震颤，像麻痹一样拖着后腿，翅张开竖起，且勾连在一起。但仍能飞出巢外，因此这类中毒的蜂不仅会死在箱内，也会死在野外。

（3）氨基甲酸酯类农药的典型症状　爱寻衅蜇人，行动不规则，接着不能飞翔、昏迷、似冷冻麻木，随即呈麻痹垂死状，最后死亡。大多数蜜蜂死在群里，蜂王常常停止产卵。

（4）二硝酚类农药的典型症状　类似氯化氢烃类农药中毒后的症状，但又常常伴随着有机磷中毒症状，从消化道中呕吐出一些物质，大部分受害的蜂常死在蜂群里。

（5）植物性农药的典型症状　高毒性的拟除虫菊酯可引起呕吐，不规则的行动，随即不能飞翔、昏迷，以后呈麻痹、垂死状，最后死亡。中毒蜂常死于野外。这类农药中的其他农药在田间使用标准剂量时，对蜜蜂没有毒害。

5. 中毒机理　现代农业上所施用的农药都是有机类农药，它们大多数是神经毒剂。这些农药经由蜜蜂体壁、口腔或气门进入体内血液，随血液循环到达作用部位神经系统，干扰神经冲动的正常传导。神经组织是蜜蜂传导外来刺激并做出反应、同时控制体内的正常生理生化活动的协调中心，这个中心受到任何干扰都会出现不正常现象，轻度干扰会使动物行为紊乱，严重干扰会引起动物死亡。

各类农药虽然都是作用于神经系统，但它们的作用部位并不相同。有机磷及氨基甲酸酯类杀虫剂主要作用于突触部位的神经冲动传导，对乙酰胆碱酯酶产生抑制。有机氯杀虫剂中的滴滴涕和拟除虫菊酯类农药是作用于轴突上的神经冲动传导；而巴丹及烟碱等农药是作用于突触后膜乙酰胆碱受体上的神经冲动传导。各类药剂的作用部位不同，作用机制也不一样，目前，只有有机磷及氨基甲酸酯类杀虫剂对乙酰胆碱酯酶的抑制研究得比较详细。

（1）蜜蜂神经系统传导神经冲动的机制　要了解农药对蜜蜂神经冲动传递的干扰，首先必须了解正常的蜜蜂神经系统是怎样传递神经冲动的。蜜蜂表皮的感受器接受外来的刺激，无论是物理的或是化学的刺激，都需要转变为生物电反应，引起神经膜电位的改变产生神经冲动，神经冲动以动作电位的形式沿着感觉神经元传入中枢神经系统。在脑或神经节内，通过联系神经元和运动神经元之间的突触时，神经冲动转变为化学介质的传递，这个化学介质是乙酰胆碱。乙酰胆碱作用于突触后膜上的乙酰胆碱受体，受体被激发后使突触后膜产生动作电位，神经冲动沿着运动神经元传递下去，最后到达神经-肌肉连接点（或其他反应器的连接区）。在连接点运动神经纤维末梢释放化学物质激发肌纤维产生动作电位，这个化学物质可能是谷氨酸盐。经过一系列的化学反应，使肌肉收缩（或腺体分泌）。这是一次冲动传导的全部过程，包括了轴状突上动作电位的传导和突触部位的化学介质的传导。

（2）农药对乙酰胆碱酯酶的抑制作用　这类农药主要是有机磷及氨基甲酸酯类农药，它们主要对乙酰胆碱酯酶产生抑制作用，从而使突触部位大量积累乙酰胆碱，突触后膜的乙酰胆碱受体不断地被激活，突触后神经纤维长时期处于兴奋状态，同时突触部位正常的神经冲动传导受阻塞。中毒的蜜蜂最初出现高度兴奋、痉挛，最后瘫痪、死亡。

（3）农药对轴状突部位的作用　这类农药主要有有机氯杀虫剂中的滴滴涕和拟除虫菊酯类农药。神经膜（或轴状突膜）上的神经冲动传导是膜内外的离子流跨过膜而产生的动作电位，任何农药对神经膜引起的动作电位，都是由于改变了神经膜对离子的渗透性。

① 滴滴涕的作用　滴滴涕的主要作用部位是蜜蜂外围神经系统的感觉神经纤维，滴滴涕扰乱蜜蜂感觉神经的正常传导是蜜蜂中毒的主要原因。用滴滴涕处理过的蜜蜂很快就变得对外界刺激非常敏感，正常的神经冲动传导遭受阻塞，由局部的抖颤发展为整个体躯的剧烈运动、痉挛最后麻痹。如果剂量不足，蜜蜂能够慢慢恢复正常，症状也全部消失。

② 除虫菊酯的作用　天然除虫菊酯与合成除虫菊酯对蜜蜂的作用部位究竟在外围神经系统还是中枢神经系统，目前还没有定论。除虫菊酯的作用很像滴滴涕，两者都是负温度系数药剂，在 $15\sim35$ ℃，温度降低对昆虫的毒效增高。蜜蜂神经对两者的反应都是产生增大的负后电位，一次刺激轴状突都能产生重复放电。用滴滴涕或除虫菊酯处理蜜蜂的足部时，神经纤维可以产生一连串的神经冲动。

但除虫菊酯对蜜蜂的中枢神经系统有明显的毒效，除虫菊酯有很强的击倒作用，蜜蜂接触到药剂后几秒钟即有反应，约30秒内即呈昏迷状态，痉挛而跌倒。产生击倒作用的原因是药剂对中枢神经系统脑或体神经节产生麻痹作用。

（4）农药对乙酰胆碱受体的作用　这类农药主要有巴丹、烟碱等。乙酰胆碱受体是镶嵌在神经细胞膜内的大分子糖蛋白，其作用是在突触部位接受由前膜释放的乙酰胆碱，使突触后膜产生动作电位，从而使神经冲动沿突触后神经元向下传导。乙酰胆碱受体可以被一些药物激活，也可以被一些药物抑制。如烟碱是乙酰胆碱受体的激活剂，在低浓度时刺激烟碱型受体使突触后膜产生去极化，与乙酰胆碱对受体的作用相似，高浓度时对受体产生脱敏性抑制，即神经冲动传导受阻塞，但神经膜仍然保持去极化。沙蚕毒、巴丹及易卫杀等可以减低突触前膜释放传递介质，也减低突触后膜对乙酰胆碱的敏感性。

6. 中毒诊断　蜂场突然出现大量蜜蜂死亡，群势越强，死蜂越多，死蜂多为采集蜂。巢箱外有蜜蜂在地上翻滚、打转、抽搐、痉挛、爬行，死蜂两翅张开呈 K 字形，喙伸出，腹部向内弯曲。开箱检查箱底有死蜂、潮湿，并有"跳子"现象，且镜检不见病原菌，即可初步断定为农药中毒。

仔细调查蜂场附近是否喷洒过农药，喷洒了什么农药，根据本节中不同农药的"中毒症状"可进一步确定是否为农药中毒。

7. 预防与解救

（1）预防　只要我们高度重视、农药对蜜蜂的影响是可以避免的，养蜂场应与施药单位密切配合，了解各种农药的特性和施用知识，共同研究施药时间、药剂种类及施药方法。具体预防措施如下：

① 禁止施用对蜜蜂有毒害的农药　在蜜蜂活动季节，尤其在蜜蜂粉源植物开花季节，应禁止喷洒对蜜蜂有毒害的农药。若急需用药时应选用高效低毒，残效期短的农药，并尽量采用最低有效剂量。

② 在农药内加入驱避剂　在蜂场附近用药或飞机大面积施药，应在农药内加入适量的驱避剂如石炭酸、硫酸烟碱、煤焦油、萘、苯甲醛等。这些物质本身对蜜蜂无毒，但它们有足够的力量克服花蜜对蜜蜂的天然吸引力，防止蜜蜂去采集曾施过农药的蜜源植物，加驱避剂一般能使蜜蜂的农药中毒损失降低 50%以上。

③ 施药单位应尽量采取统一行动，一次性用药，并在用药前 1 星期通知蜂场主。施药单位应尽量集中在一个对蜜蜂较安全的时间内施药（如蜜蜂出巢前、傍晚回巢后这段时间）。在采取大面积施药行动前，应采取各种宣传措施通知蜂场主，让他们有

足够的时间在喷药前一天的晚上关闭蜂箱巢门，或用麻布、塑料袋等把蜂箱罩住，或将蜂移开施药现场。

④ 采用抗农药的蜜蜂品种　美国及前苏联都开展了培育抗农药蜜蜂品种的研究，我国及世界许多国家的作物育种家早已进入了培育抗病虫害的作物品种研究，这两方面取得的成果都会减少或避免蜜蜂农药中毒。

（2）解救方法　对于发生农药中毒的蜂群，如果损失的只是采集蜂，箱内没有带进任何有毒的花蜜和花粉，而且箱内具有充足且无毒的饲料时，就不需要任何处置。如果蜂儿和哺育蜂也中毒，要求不仅迁移蜂场，而且应将蜂群内所有混有毒物的饲料全部清除，并立即用 1：1 的稀薄糖浆或甘草水糖浆进行饲喂。此外，还可考虑喂一些解毒药物。例如，由 1605、1059、敌百虫和乐果等有机磷药剂引起中毒的蜂群，可采用 0.05％～0.1％硫酸阿托品或 0.1％～0.2％解磷定溶液进行喷脾解毒。对有机氯类农药引起中毒，可在 250 毫升蜜水中加入 20％磺胺噻唑注射液 3 毫升（或 1 片）搅匀喷脾。

（二）甘露蜜中毒

1. 发生季节　蜜蜂甘露蜜中毒是养蜂生产上常见的一种非传染病，每年早春和晚秋发生较严重，尤其是干旱歉收年份，发生范围大、死亡率高，若防治不及时，容易给蜂场造成重大损失。

2. 中毒原因　甘露蜜有两种，一种是甘露，一种是蜜露。甘露是由蚜虫、介壳虫等昆虫所分泌的含糖液汁。这些昆虫常寄生在灌木、乔木及禾本科植物上，在干旱年头，这些昆虫大量发生，同时排出大量的甘露。蜜露则是植物本身因受外界气温剧烈变化的影响或受外伤而从叶茎部分或伤口分泌出的一种含糖液汁。当外界缺乏蜜源时，蜜蜂就会采集甘露或蜜露，带回巢，酿成所谓的甘露蜜。甘露蜜有两种类型，一种是结晶的松三糖型，另一种是不结晶的麦芽糖、果糖型。由于甘露蜜中单糖含量较低，蔗糖较多，还含有大量的糊精和矿物质，使蜜蜂消化吸收发生障碍。另外，甘露蜜常被细菌或真菌等微生物污染产生毒素，这也是引起蜜蜂中毒的原因之一。

3. 中毒症状　通常在外界缺少蜜源时，蜂群突然表现出异常的兴奋和活跃。中毒的蜜蜂多是采集蜂，主要表现是腹部膨大，下痢，无力飞翔，在框梁上或地上爬行，动作迟缓。解剖消化道时发现，蜜囊呈球状，中肠灰白色，无弹性，后肠蓝黑色，充满浓稠状粪便。通常强群比弱群死亡严重。

4. 诊断

（1）症状诊断　当外界缺少蜜源时，蜂场又突然出现蜜蜂采蜜的繁忙景象，采集蜂表现出甘露蜜中毒的典型症状。开箱观察，在巢脾上出现有较多的未封盖蜜房，并且蜜汁浓稠，呈暗绿色，无芳香气味，可初步认为是甘露蜜中毒。

（2）甘露蜜诊断　最简单的方法是从巢房中取 3 克蜂蜜，置于试管内，加等量的蒸馏水稀释后，再加 95％的酒精 10 毫升。充分摇匀后，若溶液出现乳白色沉淀，则表明含有甘露蜜。

5. 防治方法

（1）在外界缺少蜜源时，注意避免将蜂群移放到容易产甘露蜜的植物附近。这些植物有松树、柏树、杨树、柳树、榛树、椴树、刺槐、锦鸡儿、沙枣等乔灌木上，以及高粱、玉米等作物上。

（2）在外界缺少蜜源的季节，如早春和晚秋，应预先为蜂群留足饲料，发现蜂巢内缺少饲料时应及时补充饲喂，以免蜜蜂饥不择食而采集甘露蜜。

若蜂群内含有甘露则应尽快将甘露蜜脾撤出，并放入优质蜜脾或补充饲喂白糖。

（3）发现甘露蜜中毒要及时采取药物治疗，常用的药方是复合维生素 B 20 片，食母生 50 片，混合研碎后加入 1 千克 1∶1

的糖水中，搅匀后喂20脾蜂，连喂2～3天，每天1～2次。

（三）花蜜中毒

蜜蜂的花蜜中毒是由于蜜蜂采集了某些有毒蜜源植物的花蜜所引起的中毒。它们之中有的只对蜜蜂有不利影响，而有的不但对蜜蜂有毒而且对人畜也有害。我国主要有如下几种。

1. 枣花蜜中毒 枣花蜜中毒又称枣花病。

（1）中毒症状 这是枣花流蜜期间普遍发生的一种中毒症。蜂场上常有许多腹部膨大，肢体失去平衡，无力飞翔的蜜蜂在地上爬行、跳跃、打滚、旋转。这些病蜂随着病情的加重，对外界反应逐渐迟钝，腹部不停地抽搐，最后痉挛而死。死亡后吻伸出，翅竖起，全身缩成钩状，表现出典型的中毒症状。西方蜜蜂比中蜂中毒重，患病的主要是采集蜂，病重的蜂群工蜂死亡率可达30％以上，群势明显下降，严重地影响采蜜与产浆。

（2）中毒原因 枣花蜜中毒的原因有二：一是枣花蜜中含有较高的游离钾离子，含钾量平均达1 410毫克/千克，是普通蜂蜜的17.6倍。二是枣花蜜中含有生物碱。

（3）防治措施 目前还没有什么特效方法解救，但有一些方法可以减轻中毒程度。比如每天饲喂并在框梁上和蜂路中泼洒一些2％的盐水，给蜜蜂补充一些钠离子以满足K^+和Na^+代谢的平衡。

另外，用甘草水或生姜水配成糖浆，或在1：1的糖浆中加入0.1％的柠檬酸或醋酸饲喂，可减轻中毒。

同时还应加强蜂群的防暑降温工作。

2. 茶花中毒

（1）中毒症状 茶花中毒的主要症状是烂子，蜜蜂采集了茶花蜜，蜂群内的子脾前3日龄的幼虫发育正常，等到将要封盖或已封盖时，大幼虫开始成批地腐烂死亡。房盖变深，有不规则的下陷，中间有小孔。幼虫尸体呈灰白色或乳白色粘在巢房底部，开箱后能闻到腐臭味。

（2）中毒原因　茶花蜜对人和哺乳动物是无毒的，但由于茶花蜜中含有较多的半乳糖，而蜜蜂幼虫又不能有效地利用它，从而导致了营养生理障碍。

（3）防治方法　鉴于蜜蜂中毒的原因是幼虫采食了茶花蜜，因此在防治上应从饲养管理上着手，以达到既能采集茶花蜜源，又能避免幼虫采食茶花蜜的目的。这可通过"分区管理"的办法来实现，根据蜂群的强弱，可分为"继箱分区管理"和"单箱分区管理"。

① 继箱分区法。先用隔王板将继箱和巢箱隔开，再用隔离板将巢箱分隔成两区。一区为繁殖区，主要由粉脾和适量的空脾及蜂王和工蜂组成，其巢脾框梁上用毛巾盖上，只在距隔离板较远的一侧留出1～2框的空间供蜜蜂出入。而巢箱的另一区则由虫卵脾、蛹脾以及适量的蜜粉和空脾组成，它与继箱一起构成采集区。巢门开在采集区一侧。每隔1～2天必须给繁殖区补充饲喂1∶1的糖浆或蜜水以保证繁殖区内饲料充足。

② 单箱分区法。用铁纱隔离板将巢箱隔成两区，一区由蜜粉脾、适量的空脾和蜂王及雄蜂组成，构成繁殖区，而余下的虫卵脾和其他蜂脾构成采集区。上面用纱盖盖上，在隔离板和纱盖之间只留下0.5～0.6厘米的距离，保证工蜂能通过，而蜂王不能过。巢门开在采集区，每隔1～2天用1∶1的糖水或蜜水补充饲喂繁殖区。

3. 其他植物的花蜜中毒　在我国还有一些较常见的植物花蜜能使蜜蜂中毒，如油茶花蜜、大戟属植物的花蜜、黄芪类植物的花蜜等。

（四）工业烟雾中毒

工厂的烟囱排出的气体含有很多有害的化学物质，其中主要包括砷化物和氟化物，它们不仅能直接使蜜蜂中毒，而且吸收了这些物质的植物所产生的花粉和花蜜也能使蜜蜂中毒和死亡。另外还有臭氧和氟气也能使蜜蜂中毒，空气中臭氧的浓度只要达到1～5毫克/升，就能使蜜蜂的寿命缩短5/6，并表现出嗡嗡乱叫，无规则爬行，食欲不振等症状。空气中氟气的浓度只要达到4～5毫克/升，就能使蜜蜂寿命缩短13%。

十四、蜜蜂敌害及其防治

所谓蜜蜂敌害是指掠食蜂群中的蜜、粉，严重骚扰蜜蜂正常生活、毁坏蜂箱、巢脾以及捕食蜜蜂躯体的各种动物。

常见的蜜蜂敌害主要有昆虫类、蜘蛛类、两栖类、鸟类和兽类等动物。它们有的是骚扰蜂群正常活动，给蜂群繁育和生产造成危害；有的是破坏蜂巢，夺食蜂蜜来危害蜂群；有的是直接捕食蜜蜂个体来危害蜂群。

敌害攻击的时间虽短，但造成的损害却十分严重，比如一只胡蜂两三天就可咬死两千多只外勤蜂，一只蟾蜍一口气可吞食一百多只外勤蜂。尤其是在山区，其危害往往比病害还要严重。

(一) 巢虫

所谓巢虫就是蜡螟的幼虫，蜡螟属鳞翅目、螟蛾科、蜡螟亚科，危害蜂群最常见的种有大蜡螟和小蜡螟。

1. 分布 大蜡螟属世界性害虫，几乎遍及世界所有养蜂地区，其分布主要受长期寒冷的限制。

小蜡螟只零星分布于全世界温带与热带地区，主要分布于亚洲、非洲大陆。

2. 危害 巢虫的主要危害是穿蛀巢脾，破坏蜂巢，伤害蜜蜂幼虫及蜂蛹，造成"白头蛹"。轻者影响蜂群的繁殖，重者导致蜂群外逃。

大蜡螟是蜂产品最重要的害虫。另外，它还造成大量蜂群逃离。在美国，1973 年大蜡螟对全国蜂业造成的损失达 300 万美元以上，1976 年更高，约 400 万美元，接近于美洲幼虫病所造成的损失。

在我国由它引起的逃亡蜂群约占总逃亡蜂群的90%左右。

它只在幼虫期取食巢脾，危害封盖子，造成的白头蛹可达子脾的80%以上。

小蜡螟对蜜蜂的危害比大蜡螟轻，它通常伴随大蜡螟一起危害蜂群和蜂产品。小蜡螟主要在蜂箱内蜡屑中或仓库贮脾箱内为害，但也偶尔进入蜂群中的巢脾上蛀食蜡质。

3. 形态特征　大、小蜡螟都是完全变态昆虫，都有卵、幼虫、蛹、成虫4种虫态。

（1）卵　大蜡螟的卵呈短椭圆形、粉红色，长约0.3毫米，卵壳较厚，表面有不规则的网状雕纹。

小蜡螟的卵呈卵圆形，水白色，大小0.39毫米×0.28毫米，卵外无保护物。

（2）幼虫　大蜡螟的幼虫初孵化时为白色，2～4日龄后呈乳白色，前胸背板棕褐色，中部有一条明显的黄白色分界线。老熟幼虫体长22～25毫米，体呈黄褐色。

小蜡螟的幼虫，初龄时呈水白色，长1～1.3毫米。老龄幼虫蜡黄色，体长13～18毫米，前胸背板为棕褐色。

（3）蛹　大蜡螟的蛹呈纺锤形，长12～14毫米，黄褐色，腹部末端有一对小钩刺，背面有两个成排的齿状突起。

小蜡螟的蛹也呈纺锤形，腹面褐色，背面深褐色，背中线隆起呈屋脊状，两侧布满角质状突起。腹部末端具8～12个较大的角质化突起。雌蛹长8～12毫米，宽2.3～3.1毫米，雄蛹长7～10毫米，宽2.2～2.8毫米。

（4）成虫　大蜡螟的雌蛾头和胸部背面呈黄褐色，体长13～14毫米，翅展27～28毫米。前翅略呈长方形，外缘平直。翅中部近前缘处为紫褐色，凸纹到内缘间为黄褐色，翅其余部分为灰白色。雄蛾体较小，头胸部背面及前翅近内缘外呈灰白色，前胸外缘有凹陷，略呈V字形。

小蜡螟的雌蛾体呈银灰色，头部披满浅褐色的长鳞片，体躯具有深灰色鳞片，体长 10～13 毫米，复眼近球形，呈浅蓝色至深蓝色。雄蛾体长 8～11 毫米，体色比雌蛾略浅。

4. 生活史和习性　大蜡螟羽化后的雌蛾，经 5 小时以后才交尾。交尾后的雌蛾产卵器外露，夜间四处寻找产卵场所。产卵位置多在箱壁缝隙中，产卵量 600～900 粒。卵在 29～35 ℃时发育快，卵产下 3～5 天后，就开始孵化。幼虫发育的最适温度为 30～35 ℃，相对湿度为 80％。初孵幼虫活泼，爬行迅速。1 龄幼虫体小，不易被工蜂清除，上脾率高达 90％。3～4 龄开始钻蛀隧道，是造成白头蛹的主要虫期，5～6 龄幼虫个体大，易被工蜂咬落箱底，不再上脾。幼虫经过 18～19 天开始结茧化蛹，蛹再羽化成成虫。在外界气温为 25～35 ℃的条件下，完成一个世代需6～7 周。

小蜡螟羽化后的雌蛾，一般经过 2～3 小时开始交尾。交尾后的雌蛾当晚便开始产卵，一只雌蛾一生产卵量为278～819 粒。卵产下后 4 天即可孵化为幼虫，刚孵化的幼虫常留在蜂箱底板的蜡屑中生活，此后很快地上脾为害，平均一条 5 日龄的幼虫，要伤害 42 只蜂蛹。幼虫经过 50～60 天后化蛹，蛹茧通常结在蜂箱的缝隙里或箱底的蜡屑中，蛹经8～9 天则羽化为成虫，小蜡螟完成一个世代需 62～73 天。

5. 防治方法

（1）高温防治　由于蜡螟的生长和发育受温度影响很大。因此，可以利用高温和低温来防治大小蜡螟，具体方法是将受害的巢脾放于空继箱中，然后把 6～8 个这样的继箱相互错开地叠成一垛，放在一个密封的小空屋内，然后用恒温控制器控制电炉加温至 46 ℃，持续 80 分钟，或加温至 48.8 ℃，持续 40 分钟。注意应用电扇流通室内的热空气，使各个角落的温度达到一致。

（2）低温防治　低温也能用来消灭蜡螟的各期虫态，并且它能避免高温处理时巢脾变软下垂的问题。低温处理方法简单，只需将受害巢脾置于冷库中，若是北方地区，冬天的室外就是处理受害巢脾，消灭蜡螟的最好场所。保持在－6.6 ℃维持 4.5 小时，或－12.2 ℃维持 3 小时，或－15 ℃维持 2 小时。

（3）二氧化碳防治　用高浓度的二氧化碳熏蒸需要密闭的空屋或空箱，按体积计算，用含 98％高浓度的二氧化碳，在 37.4 ℃和 50％相对湿度下熏蒸 4 小时即可杀死所有蜡螟的蛾子。注意人不能进入熏蒸室，以免窒息死亡。

（4）生物防治　用苏云金杆菌喷洒蜂群，浸渍巢础可以防治蜡螟，并且对蜂群无任何不利影响。

（5）饲养强群　经常保持蜂多于脾，对弱群应及时进行合并，利用蜜蜂的自卫力，结团护脾，可以避免蜡螟侵害。

（二）胡蜂

1. 危害　胡蜂是蜜蜂的主要敌害之一，俗称大黄蜂，属膜翅目胡蜂科。危害蜜蜂的胡蜂主要有金环胡蜂、黑盾胡蜂、基胡蜂、墨胸胡蜂、黄腰胡蜂、黑尾胡蜂、小金箍胡蜂等。它们经常将巢悬筑在树枝上、房檐下、树洞中或壁洞里，用树木的纤维做成球形或椭圆形的蜂巢，最喜欢在蜂场附近筑巢。夏秋季节是胡蜂繁育的高峰期，也是它危害蜜蜂最严重的时期，常盘旋在蜂场上空或守候在巢门前伺机捕捉蜜蜂，将捕获的蜜蜂带到附近的树枝上，吸食蜜囊中的蜜汁，并将死尸咬碎带回巢去饲喂幼虫。有时胡蜂还可进入蜂箱，盗食蜂蜜，危害蜜蜂的幼虫和蛹。一只大胡蜂一天能捕杀几十只甚至上百只蜜蜂。在我国南方各省，胡蜂在夏秋两季损害外勤蜂达 20％～30％，严重的年头倾场受害，蜜蜂整群逃亡。

2. 生物学特性　胡蜂过着社会性的群居生活，群体内有蜂王、雄蜂和工蜂。冬天雄蜂和工蜂均被冻死，唯有蜂王潜伏越冬。

越冬后的蜂王经过一段时间活动和补充营养后，开始寻找地方产卵，通常每只蜂王只产约 20 粒卵，当第一代工蜂羽化和参加内外勤活动后，蜂王产下第二代卵，卵粒数量增加到95~150粒，从第二代起，新羽化的工蜂与异巢的雄蜂交尾，可进入同巢产卵，形成同巢多王产卵现象，这是它的繁殖优势。

雄蜂是由第二代雌蜂中未经交尾授精的个体产卵繁育而成的，它们可与同巢或异巢的少数雌蜂交尾，也可与同代或母一代雌蜂交尾，交尾后不久陆续死亡。最后一代雄蜂数量占总蜂数的$1/6$~$1/5$。

工蜂与蜂王无形态区别，但工蜂性情凶悍恶毒，螫针明显，排毒量大，攻击力强。它的主要职责是筑巢、饲喂、清巢、保温、捕猎食物、采集、御敌和护巢。

一群胡蜂一般有100~1 000只，越冬前数量最多，可达4 000~5 000只。

胡蜂属杂食性昆虫，主要捕食双翅目、膜翅目、直翅目、鳞翅目、半翅目和蜻蜓目等昆虫，最多为蝇类、虻类，只有在缺食季节才攻击蜜蜂。

3. 防治方法

（1）捣毁胡蜂巢　经常检查蜂场附近有无胡蜂巢，若有，应及时消灭，消灭的时间最好安排在傍晚。若蜂巢在树上，则可用火把将胡蜂连巢一起烧掉。若在建筑物上，可用塑料袋慢慢罩住蜂巢，用铲子连蜂带巢一齐铲下，落入袋中，然后丢进火中烧死或挖坑埋掉。

（2）用药毒杀　若发现蜂巢，可于夜间用毒性较强的杀虫剂喷洒巢穴，或用浸有二溴乙烯的棉花球放进巢门口，可毁掉整群胡蜂。若未发现蜂巢则可用敌百虫或其他杀虫剂拌入牛肉、猪肉或蛙肉内，盛于盘中，放置在蜂场附近诱杀胡蜂。

（3）人工扑打　在胡蜂猖獗为害的季节，可组织适当的人力，守候在蜂场，进行人工扑打，也可减轻对蜂群的危害。

（4）防护法　在蜂巢口安上金属隔王板或毛竹片，以防胡蜂侵入。

（三）蟾蜍

1. 分布与危害　蟾蜍又叫癞蛤蟆，属两栖纲，蟾蜍科，蟾蜍属，是夏季危害蜜蜂的主要敌害之一。其分布广泛，特别是在我国南方水稻田区和林区更多。我国已确定的蟾蜍共有6个种，其中最常见的种有中华蟾蜍、黑眶蟾蜍、华西大蟾蜍、花背蟾蜍等4种。中华大蟾蜍分布全国各地，黑眶蟾蜍分布于我国南部各省、区，华西大蟾蜍分布于我国西南部地区，花背蟾蜍分布于我国东北、华北、西北各地区。

在炎热的夏秋季节的晚上，蟾蜍通常在蜂箱门口大量吞食在蜂箱门口扇风的蜜蜂。每只蟾蜍一次能吞食7～8只蜜蜂，一个晚上能吞食数10只到100只。尤其是在雨后转晴的夜晚，蟾蜍更是活动频繁。

2. 形态特征　蟾蜍形似青蛙，但通常比青蛙肥大，并且头上、背上的皮肤粗糙呈灰黑色。头部眼后有隆起的毒囊，能分泌毒液，背上有疣状突起，腹部白色，四肢等长，趾间有蹼，行动迟缓。

3. 生物学特性　蟾蜍白天潜伏，晚上活动。每年2～3月开始产卵，每只雌性蟾蜍能产3 000～5 000粒卵。受精卵15天后孵化成蝌蚪，蝌蚪经77～91天开始变态，转入陆地生活，4年后成熟。

4. 防治方法　蟾蜍对于蜜蜂是有害动物，但对于农业它又是有益动物，因为它还能吞食大量的螟虫、蚊、蛞蝓和蜗牛等有害生物，因此不能将它消灭，而应采取一些相应的措施来阻止它危害蜜蜂。

（1）阻止蟾蜍进入蜂场　对一些经常受蟾蜍危害的蜂场，可环绕蜂场开出一条深沟，使企图进入蜂场的蟾蜍掉进沟内。然后集中将它们送到离蜂场较远的水田或杂草中。

（2）保持蜂场整洁　注意清除蜂场的杂草和杂物，保持蜂场干净卫生，使蟾蜍无藏身之地。

（3）垫高蜂箱　使蟾蜍无法接近巢门，从而避免它吞食蜜蜂。

（四）其他敌害

危害蜂群的敌害还有很多，在不同的地区，其危害程度也不同。这些敌害主要包括以下几种。

（1）兽类敌害　如田鼠和家鼠。它们不仅偷吃蜂蜜，骚扰蜂群，而且咬坏蜂具等，可采取毒杀或诱杀的方法防治。

（2）鸟类　如蜂鸟、蜂虎。其危害是捕食蜜蜂，可采用枪杀或毒杀的方法防治。

（3）昆虫类　比如螳螂、蜚蠊主要是捕食蜜蜂，又如蚂蚁主要是窃食蜂蜜、花粉，扰乱蜜蜂的正常活动。它们都可以用相应的农药去毒杀。

图书在版编目（CIP）数据

蜜蜂饲养与病敌害防治 /彭文君主编 . —2 版 . —
北京：中国农业出版社，2013.7（2019.6 重印）
（最受养殖户欢迎的精品图书）
ISBN 978 - 7 - 109 - 18158 - 8

Ⅰ.①蜜…　Ⅱ.①彭…　Ⅲ.①蜜蜂饲养-饲养管理②
蜜蜂饲养-病虫害防治　Ⅳ.①S894②S895

中国版本图书馆 CIP 数据核字（2013）第 167742 号

中国农业出版社
（北京市朝阳区农展馆北路 2 号）
（邮政编码 100125）
责任编辑　黄向阳　颜景辰

北京中兴印刷有限公司印刷　　新华书店北京发行所发行
2014 年 1 月第 2 版　　2019 年 6 月第 2 版北京第 6 次印刷

开本：850mm×1168mm 1/32　　印张：6.75
字数：165 千字
定价：18.00 元
（凡本版图书出现印刷、装订错误，请向出版社发行部调换）